MARK RASHID

DEIN PFERD –
DEIN PARTNER

MARK RASHID

DEIN PFERD – DEIN PARTNER

Wahrnehmen, leiten, vertrauen

KOSMOS

FÜR MEINEN FREUND GREG MARTIN –
DEN GRÖSSTEN GESCHICHTENERZÄHLER,
DEN ICH KENNE.

DEIN PFERD –
DEIN PARTNER

Vorwort 6

Fragen und ihre Antworten 10

Teil 1: Die Pferde wahrnehmen 15

Fehler und ihre Folgen 15

Grenzen setzen 36

Trauma-Energie verbrauchen 60

Teil 2: Den Pferden Führung geben 77

Verhalten ist Information 77

Tempo, Richtung, Ziel 99

Energie 122

Gleichgewicht 136

Teil 3: Das Pferd in seiner Ganzheit gewinnen 153

Beständigkeit 153

Zuverlässigkeit 162

Vertrauen 170

Innere Ruhe 183

Weichheit 194

Service 211

VORWORT

Wie so viele Menschen bezeugen können, ist die erste Begegnung mit Mark Rashid ein Erlebnis, das man nicht vergisst. Als ich im Juli 2001 erstmals bei ihm ritt, empfand ich seine Ruhe und seine freundliche Art des Unterrichts als sehr wohltuend, aber richtig gepackt hat es mich, als er den Unterschied zwischen „leicht" und „weich" erklärte. Die Unterscheidung ist sehr wichtig für dieses Buch: „Leicht" hat mit dem Äußeren des Pferdes zu tun, mit dem „Stoff", den es schon beherrscht. „Weich" bedeutet Freude. Das Innere des Pferdes ist offen und jederzeit zugänglich. Von diesem Augenblick an war ich nicht nur entschlossen, diesen Weg in Richtung Weichheit weiterzuverfolgen, sondern ich schätzte mich auch glücklich, Mark dabei zusehen zu dürfen, wie er Menschen in aller Welt hilft, diese Freude in ihren Pferden und in sich selbst zu entwickeln und zum Ausdruck zu bringen.

Diese Freude ist keine kleine Sache. In der heutigen Welt der schnellen Resultate und seichten Geplänkel vergessen wir nur zu schnell, dass der Punkt, an dem wir uns gerade befinden, der Gipfel aus vielen kleinen Augenblicken ist, die sich über Jahre angesammelt haben. Ich glaube, einer der vielen Gründe für die Anziehungskraft von Pferden ist ihre Fähigkeit, uns wieder mit uns selbst zu verbinden und diese Augenblicke zu verlangsamen. Die Zeit, die wir mit ihnen verbringen, erweckt von Neuem Gefühle, die viele von uns nicht mehr bemerken, weil wir viel zu schnell unterwegs sind, nach denen wir uns aber im tiefsten Innern sehnen: gesehen zu werden, zu spüren, dass man uns hört, uns zu verbinden. Wie Walter (der „alte Mann") so viel Zeit damit zubrachte, Marks Entwicklung als Pferdemann zu fördern, so helfen uns auch unsere Pferde zu wachsen. Herz ist ein wesentlicher Teil dieses Prozesses, dieser Verbindung.

Mutter Teresa sagte einmal: „In diesem Leben können wir keine großen Dinge vollbringen. Wir können nur kleine Dinge mit großer Liebe vollbringen." Meinem Gefühl nach haben Menschen und Pferde das Potenzial, sich zu öffnen und diese große Liebe zu geben und zu empfangen, durch Handlungen, die uns klein vorkommen. In diesem Buch weist Mark auf viele solcher Feinheiten hin. Er macht uns Mut, erst in unser eigenes Inneres zu schauen, um das zu finden, was wir von unseren Pferden haben wollen. Dieser Prozess des Innen-Außen kommt nur dann in Gang, wenn wir unseren Pferden von Anfang an das Beste anbieten, das in uns ist.

Seit Mark und ich verheiratet und zusammen unterwegs sind, sagen uns Menschen immer wieder, wie aus tiefstem Herzen dankbar sie dafür sind, dass es in ihrem Leben die Pferde gibt. Unzählige Male haben wir das Lächeln gesehen, das Pferde und die Gefühle, die sie auslösen, auf das Gesicht ihrer Reiter und Besitzer zaubern. Ich selbst habe Freude empfunden, wenn ich beobachtet habe, wie Menschen und ihre Pferde Dinge getan oder gefühlt haben, die sie nie zuvor getan oder gefühlt hatten. Wir haben erlebt, wie Pferde das Leben eines Menschen verändern können und wie Pferde und Menschen „weich" werden. Ein paar dieser Geschichten sind in diesem Buch enthalten.

Neben diesen Geschichten stehen auch solche von dem alten Mann, mit dem Mark als Halbwüchsiger gearbeitet hat. Ich hätte Walter gern gekannt. Aber wie so viele von uns kenne ich ihn nur durch Mark und die Geschichten, die er von ihm erzählt. Auf einer unserer Fahrten quer durchs Land hatten Mark und ich Gelegenheit, uns anzusehen, was von Walters Hof übrig geblieben ist.

Der einspurige Kiesweg, den Mark zu Walters Ranch

immer entlangradelte, ist heute gepflastert und zweispurig ausgebaut, rechts und links flankiert von niedrigen Bungalows mit adretten Vorgärten. Diese Bungalows stehen um das herum, was von den flachen grünen Weiden übrig geblieben ist, auf denen einst Pferde grasten. Beim Anblick dieses schrumpfenden Fleckchens Erde, von Wildblumen bedeckt, ist es nur schwer vorstellbar, dass es hier einmal Ställe, Scheunen, Paddocks, Zäune und einen Reitplatz gab und einen Mann und einen Jungen, die zusammen mit den vielen Pferden arbeiteten, die hier durchkamen. Als Betrachter würden Sie nicht wissen, dass der Same, der in diesen Jahren gelegt wurde, sich nicht in der Erde befand, sondern in einem schlaksigen Jungen, der Pferde liebte und eines Tages das, was der alte Mann ihn gelehrt hatte, mit so vielen Menschen und ihren Pferden in der ganzen Welt teilen würde.

Hier sind wir also, über 100 Jahre, nachdem Walter seinen eigenen Weg mit Pferden begann. Von außen wirken die Dinge fortschrittlicher als das, was Walter zu seiner Zeit sah. Aber ich glaube, innen drin haben wir uns nicht sehr verändert. Unsere Sehnsüchte, unsere Wünsche für uns und unsere Lieben unterscheiden sich nicht von denen unserer Urgroßeltern. Von außen gesehen haben auch die Pferde sich verändert: Es gibt sie in allen Größen und Formen und zu einer Vielzahl von Zwecken. Im Innern des Pferdes aber lebt derselbe Geist. Für mich liegt deshalb ein Sinn darin, dass das, was der alte Mann in seiner Jugend lernte, was er an allen seinen Arbeitsstellen praktizierte und schließlich an Mark weitergab, eine Brücke darstellt. Es ist quer durch die Zeit ein breites Band von Wissen, das unter die oberflächlichen Veränderungen sieht und zum Herzen der Dinge vordringt.

Auch Marks Geschichten sind wie diese Brücke oder wie eine Lieblingsmelodie. Auf dieselbe stille Art, in der er Unterricht gibt, zeigt er eine Richtung auf, gibt Ihnen eine Vision des Weges, der zur Weichheit führt, zu diesem Ort der Freude.

Auch wenn Sie und Ihr Pferd Ihren ureigensten Weg beschreiten, möchte ich doch, dass Sie diese Geschichten wie Noten zu der bekannten Melodie betrachten – mit Offenheit und der Bereitschaft, Ihre eigene Stimme dem Gesang beizufügen. Mit etwas Nachdenklichkeit, einer kleinen Sehnsucht und ganz viel Herz können Sie die Lektionen, die Mark anbietet, annehmen und mit ihrer Hilfe Ihren eigenen Weg finden.

Alle guten Wünsche für Sie und Ihre Pferde
Crissi McDonald
August 2008
Estes Park, Colorado

Fragen und
ihre Antworten

Es ist noch nicht sehr lange her, da wachte ich eines Morgens mit einer Frage auf. In diesem Stadium zwischen Wachheit und Traum hatte ich nicht nur nicht die leiseste Ahnung, woher die Frage kam, ich hatte nicht mal eine Idee, was sie bedeutete. Die Frage nahm nur langsam Gestalt an, und der Anfang war unschuldig genug. Zuerst waren es nur ein paar Worte, die im Nebel umhertrieben. Dann fügten sie sich zu wirren Satzfetzen und schließlich zu einer schlüssigen Frage, welche lautete:

„Was ist mächtiger – das Gestein, aus dem der Grand Canyon besteht, oder der Fluss, der ihn durchschneidet?"

Das ist leicht, dachte ich in meinem halbwachen Zustand. *Das Wasser ist mächtiger, denn es hat sich durch den Fels gefressen und den Canyon geschaffen.* Schläfrig drehte ich mich zur Seite. Nachdem die Frage nun beantwortet war, dachte ich, ich könnte gut noch zwanzig Minuten dösen, bis die Hunde aufwachten und hinauswollten. Aber kaum hatte ich mich umgedreht, als plötzlich eine andere Antwort auftauchte.

Der Fels ist mächtiger, denn die Wände des Canyons sind immer noch da, sagte mein Unterbewusstsein. *Das Wasser, das die Felsen aushöhlte, ist längst weg und vor Jahrtausenden in den Ozean geflossen.*

Meine Augen gingen auf, schlagartig war ich hellwach. Auf die Frage, die grundlos aus dem Nichts aufgetaucht war, gab es zwei passende Antworten, die man beide als richtig betrachten konnte. Ein Fluss ist mächtig, weil sein Wasser das

Gestein aushöhlen kann. Aber so mächtig er auch ist, er kann nicht verhindern, dass das Wasser flussabwärts davonfließt. Schließlich könnte sich ein Wassertropfen, der gerade noch hier war, schon Sekunden später kilometerweit flussabwärts befinden. Er ist seiner eigenen Strömung ausgeliefert.

Ebenso ist der Fels, der den Fluss umsäumt, mächtig, denn er widersteht seit Millionen Jahren dem wütenden Wasser. Aber so stark der Fels auch ist, selbst er wird irgendwann schwach und gibt ganz allmählich nach.

Im frühen Morgenlicht, hier in unserem Schlafzimmer, begann sich langsam der Grund für diese irgendwie unsinnige Frage herauszuschälen. In den letzten Monaten hatte ich Unmengen von Fragen beantworten müssen: ob ich glaubte, dass Pferde besser mit oder ohne Eisen liefen, ob man sie mit oder ohne Sattel reiten sollte, mit Gebiss oder ohne, mit Bodenarbeit oder ohne ... Waren Strickhalfter besser als Kunststoffhalfter? Sollte man Pferde impfen oder nicht? Es gab noch mehr Fragen, zu denen ich eine Meinung hatte, aber keine betrachtete ich als Manifest.

Wochenlang nahm diese Fragerei kein Ende. Und nicht nur das: Wenn meine Antwort nicht zu dem passte, was der Fragesteller schon glaubte, bekam ich zu meiner Überraschung einen Wasserfall von Gegenargumenten zu hören, warum meine Meinung falsch wäre. Normalerweise machen mir solche Dinge nichts aus. Im Laufe der Jahre hatte ich mit meinen Schülern viele, viele Diskussionen über die verschiedensten Themen, zu denen es jeweils zwei ausgeprägte Standpunkte gab. In dieser Zeit kam ich zu dem Schluss, dass es sich nicht lohnt, jemanden überzeugen zu wollen, der nicht überzeugt werden will. Wozu also die Mühe? Aber diese Fragen müssen mich mehr beschäftigt haben, als mir selbst bewusst war. Ich brachte die Fragen nicht nur nicht aus dem Kopf, ich schien auch nichts dazu beitragen zu können, was für einige der Leute, die anderer Meinung waren, einen Sinn ergeben hätte.

Dann tauchte am frühen Morgen diese Frage auf: *Was ist mächtiger – das Gestein, aus dem der Grand Canyon besteht, oder der Fluss, der ihn durchschneidet?* Die Antwort war (jedenfalls meiner Meinung nach) sehr einfach: ein Unentschieden. Ich weiß, das klingt seltsam. Aber wenn wir das große Ganze betrachten, ist es einfach die Art und Weise, wie die Natur die Dinge im Gleichgewicht hält. In der Natur haben auch die mächtigsten Dinge ihre Schwächen, und selbst die schwächsten Dinge haben ihre Stärken.

An diesem Morgen wurde mir klar, dass dies auch auf all die Fragen zum Wohl und Wehe des Pferdes zutraf, die mir ständig gestellt wurden. An diesem Morgen verstand ich ein für allemal, dass es egal ist, ob ein Pferd mit oder ohne Eisen geht, ob es ein Gebiss oder einen Sattel trägt oder nicht. Jedes Argument hatte seine Schwächen und seine Stärken, und im Grunde ist nichts davon endgültig entschieden, sondern bestenfalls persönliche Vorliebe. Außerdem brauchen wir nicht wirklich jemanden, der uns erzählt, was das Beste für unser Pferd ist, denn das sagt uns das Pferd schon selbst, wenn wir nur gut genug zuhören. Der Schlüssel ist das Zuhörenlernen.

Ich bin der Überzeugung, dass die meisten dieser Ideen nicht viel mehr als Ablenkungen sind, die uns von dem wirklich Wichtigen wegführen. Und das wirklich Wichtige ist für mich, einen Weg zu finden, der uns erlaubt, klar und effektiv mit unseren Pferden zu kommunizieren. Zwar kann das Sattel- oder Zaumzeug sich durchaus auf die Güte der Kommunikation auswirken, aber im Vergleich zu dem Gefühl, dem Timing, der Balance, den Gedanken und dem Verständnis, die wir als Pferdeleute in die Gleichung einbringen, ist diese Wirkung ziemlich geringfügig.

Kurz gesagt, ich finde, bevor wir von unseren Pferden erwarten können, dass sie uns ihr Bestes entgegenbringen, müssen wir zuerst einen Weg finden, ihnen von uns das Beste zu geben. Dann macht es nichts aus, ob sie mit oder ohne

Eisen laufen, ob wir sie mit Gebiss, mit Halfter oder Halsring reiten. Es ist egal, ob wir im Sattel sitzen oder auf dem bloßen Pferderücken, ob wir mit ihnen Bodenarbeit machen oder nicht. Wichtig ist einzig und allein, dass sie verstehen, was wir ihnen zu sagen versuchen, und dass wir verstehen, was sie uns zu sagen versuchen.

Es ist komisch, aber oft, wenn Menschen versuchen, eine Information an ihre Pferde weiterzugeben, kommt es mir so vor, als ob jemand versucht, einen Schokoriegel zu essen, der noch in seiner Plastikhülle steckt. Das Gute ist innen drin, aber wir haben es so eilig, es entweder in uns selbst oder ins Pferd hineinzustopfen, dass wir nicht mal die Verpackung abmachen! Na schön, wir kauen vielleicht eine Weile darauf herum, und auch unser Pferd kaut vielleicht eine Weile darauf herum. Aber im Endeffekt kommen wir auf keinen Geschmack und spucken das Ganze wieder aus. Es hatte nie eine Chance, ein Teil von uns zu werden.

In diesem Buch haben wir versucht, einige Informationen aus ihrer Verpackung herauszuschälen. Wir haben uns ein paar Themen vorgenommen, die als „heikel" gelten – ein paar Dinge, die uns – und damit auch unsere Pferde –, in negativem Licht betrachtet, manchmal am Wachsen hindern können.

Wenn Sie dieses Buch lesen, werden Sie hoffentlich feststellen, dass viele der Themen, die wir erörtern – Fehler, Grenzen, Energie, Balance und vor allem Weichheit – ihre zwei Seiten haben: eine gute und eine weniger gute. Wir haben uns entschlossen, uns an das zu halten, was gut ist an den Dingen, an das, was uns vorwärtshelfen kann, ganz gleich, welcher Rasse unser Pferd angehört, welche Disziplin wir reiten oder welches Sattel- und Zaumzeug wir verwenden. Außerdem haben wir uns zum Ziel gesetzt, diesen Dingen ganz beiläufig etwas von ihrem Nimbus des Geheimnisvollen zu nehmen, und das wird hoffentlich bei Ihnen auch so ankommen.

Was Sie auch auf dem und für das Pferd verwenden oder nicht verwenden – wenn wir dem Pferd unser ganzes Herz anbieten, bekommen Sie am Ende vielleicht das ganze Pferd als Gegengabe. Und mit diesem Endergebnis erhaschen wir vielleicht auch einen Schimmer der dritten Antwort zu dieser morgendlichen Frage – ob nun die Felsen des Grand Canyon mächtiger sind oder der Fluss, der sie durchschneidet.

Wenn Sie am Rande des Canyons stehen und all die Schönheit ringsum betrachten – was spielt es überhaupt für eine Rolle?

Mark Rashid
August 2008

TEIL 1:
DIE PFERDE WAHR-
NEHMEN

FEHLER UND
IHRE FOLGEN

Ich war ganz schön müde. Vier Monate lang hatten wir Semi-
nare und Lehrgänge abgehalten, und gerade war die letzte Reiterin des letzten Lehrgangs in diesem Jahr auf den Platz gekommen. Sie hatte einen mittelgroßen braunen Quarter
Horse-Wallach dabei, mit einem schiefen weißen Strich über
der Nase und zwei weiß bestrumpften Hinterbeinen. Im Ge-
nick war die Mähne eine Handbreit fast völlig weggescheuert,
nur ein paar dünne Haare standen noch in die Höhe – Anzei-
chen dafür, dass das Pferd viel Zeit damit verbracht hatte, sich
unter einer Zaunlatte nach ein paar Grashalmen zu strecken.
Das Pferd war gesattelt, aber sie führte es noch an der Hand.
Ich begann mein Gespräch mit ihr wie mit jedem Reiter, der
zu einem meiner Lehrgänge kommt.

„Hallo", sagte ich und nahm die Sonnenbrille ab, um
mit dem Taschentuch die dünne Staubschicht abzuwischen,
die sich in den letzten Stunden auf die Gläser gelegt hatte.

„Wie heißen Sie?"

„Hallo", sagte sie nervös, während der Wallach ihr einen
Schubs mit der Nase gab. „Ich bin Jackie, und das ist Arrow."

„Wenn wir mit unserem Pferd etwas machen, das zu einem unerwünschten Ergebnis führt – ist es dann ein Fehler oder eine Gelegenheit zu wachsen?"

Das Pferd stupste sie heftiger und schob sie zwei Schritte zur Seite.

„Er schubst einen manchmal ganz gern", sagte sie etwas einfältig.

„Okay", sagte ich lächelnd, um ihr etwas von ihrer Nervosität zu nehmen. „Was können Sie mir sonst noch über ihn sagen?"

Ich setzte die Sonnenbrille wieder auf und steckte mein Taschentuch zurück. Der Wallach schubste sie wieder.

„Na ja", sagte sie halbherzig und versuchte, den Wallach mit dem Führstrick einen Schritt zurückzuschieben. „Er ist sieben, und er gehört mir seit zwei Jahren. Ich habe ihn in einem Pferch mit sieben oder acht anderen Pferden entdeckt, alle ganz dürr und voller Ungeziefer."

Der Wallach gab ihr noch einen Stoß, und wieder versuchte sie ohne Erfolg, ihn etwas von sich wegzuschieben.

„Von einem Nachbarn hatte ich gehört, dass sie alle zum Schlachter sollten, und sie taten mir leid", fuhr sie fort. „Deshalb bin ich ein paar Tage später noch mal hin, um zu sehen, ob einer dabei war, den ich retten konnte. Ich hatte vorher noch nie ein Pferd, aber ich habe mir immer eines gewünscht ..."

Vermutlich war es weniger das, was sie sagte, als die Art, wie sie es sagte, was ihrer Geschichte eine seltsame Vertrautheit verlieh – als ob ich sie schon zuvor gehört hätte.

„Ich ging mit dem Nachbarn zu den Pferchen, und der Besitzer sagte, wir könnten reingehen und uns die Pferde anschauen, wenn wir wollten ..."

Ich bin nicht sicher, ob es die Müdigkeit nach der langen Zeit unterwegs war oder einfach die Geschichte selbst, die sie erzählte, aber es passierte etwas ziemlich Ungewöhnliches: Mein Geist begann zu wandern.

„Wir gingen also in die Pferche hinein und sahen uns die Pferde an ... die meisten ... krank oder verletzt ... sah Arrow ... der Einzige, der zu mir herkam ... sanfte Augen ... lief mir nach ... mich in ihn verliebt ..."

Ich glaube wirklich, dass es äußerst wichtig ist, den Geschichten, die Menschen über ihre Pferde erzählen, zuzuhören und sie zu verstehen, wenn man ihnen helfen will, irgendein Fehlverhalten abzulegen. Deshalb war ich selbst einigermaßen erstaunt darüber, dass ich mich nicht nur nicht auf das, was sie sagte, konzentrieren konnte, sondern dass meine Gedanken immer wieder viele Jahre zurück zu einer Zeit und einer Situation wanderten, die damit augenscheinlich nicht das Geringste zu tun hatte.

„Eine Nacht darüber geschlafen – am nächsten Tag wiedergekommen ... den Kauf ausgehandelt ..."

Ihre Worte wurden immer leiser, bis ich sie buchstäblich überhaupt nicht mehr hörte. Stattdessen erschien nun vor meinem geistigen Auge das vollständige Bild der Erinnerung, das aus meinem Unterbewusstsein ans Licht strebte. Plötzlich

-stand ich wieder, in meinem zweiten High School-Jahr, an meinem Spind und versuchte zu hören, was zwei Mädchen zwei Spinde weiter sich erzählten.

Sharon Kingstone war ein Mädchen, für das ich schon seit ein paar Jahren geschwärmt hatte, ohne jemals etwas zu unternehmen. Am Wochenende sollte eine Tanzveranstaltung stattfinden, und ich dachte daran, sie anzurufen und zu fragen, ob sie mit mir hingehen würde.

Damals kam es, jedenfalls für mich, überhaupt nicht infrage, ein Mädchen einfach so, im Eingang zur Schule, zu fragen, ob sie mit mir ausgehen wollte. Sehen Sie, aus meiner Sicht der Dinge war es so, dass, wenn ich ein Mädchen persönlich fragte, ob sie mit mir ausgehen wollte, und sie nein sagte, die ganze Schule es innerhalb von Minuten wissen würde – keine gute Sache für einen gehemmten Sechzehnjährigen. Wenn ich sie dagegen anrief und sie nein sagte, wüssten es nur sie und ich. Dabei machte ich mir natürlich überhaupt nicht klar, dass sie ebenso gut am nächsten Tag all ihren Freundinnen davon erzählen konnte, sodass die ganze Schule es so oder so wissen würde. Wahrscheinlich dachte ich mit sechzehn einfach nicht so weit voraus.

Mehrfache Nachforschungen im Telefonbuch in den letzten Monaten hatten mich mit der traurigen Realität konfrontiert, dass Sharons Familie nicht im Telefonbuch stand und es damit so gut wie unmöglich war, mich mit ihr zu verabreden. Zu meinem Glück wurden die Spinde nach dem Alphabet vergeben, und deshalb hatte Sharons Freundin Julie Rush ihren Spind nur zwei weiter von meinem. Und was soll ich sagen: Gerade als ich den Gedanken an eine Verabredung mit ihr aufgeben wollte, stand doch Sharon zwei Spinde weiter und sprach mit Julie über einen Film, den sie sich an diesem Abend ansehen wollten. Meine Hoffnung war, dass Julie ebenfalls keine Telefonnummer von Sharon hatte und Sharon ihr diese geben würde, wenn ich nur lange genug wartete. Und ich wäre zufällig zur rechten Zeit am rechten Ort, um sie mitzuhören.

Ich stand ruhig da und suchte in den Tiefen meines
Spinds nach – na ja – nichts Besonderem, wobei ich mir alle
Mühe gab, so zu tun, als ob ich nicht zuhörte. Leider enthielt
ihre Unterhaltung wenig, das für mich von Interesse war, und
ich wollte schon aufgeben und in meine nächste Stunde, Sozialstudien und aktuelle Ereignisse, gehen (bei Mr. Kocos, einem Oberst a. D., was man seinem Unterricht noch anmerkte.
Es war keine gute Idee, bei ihm zu spät zu kommen), als Sharon ganz beiläufig die Information über die Lippen kam, auf
die ich so sehnsüchtig wartete.

„Am besten rufst du mich gegen sechs an“, sagte sie und
warf ihr fast hüftlanges Haar mit einem Schwung über die linke Schulter. „Hast du meine Nummer?“

„Nein“, sagte Julie. „Warte einen Moment, ich brauche
was zu schreiben.“

„Sie ist ganz einfach zu merken“, lächelte Sharon.

Gut, dachte ich, denn ich hatte auch nichts zum Schreiben zur Hand.

Wir lebten in einer Kleinstadt. Alle Telefonnummern
hier und in der nächsten Kleinstadt hatten dieselbe Vorwahl,
weshalb ich mir wenigstens diese nicht zu merken brauchte,
obwohl Sharon sie erwähnte. Sie sprach langsam und deutlich,
und als sie die letzten vier Zahlen aussprach – die, auf die es
mir ankam –, hätte ich fast einen Luftsprung gemacht.

„0-3-1-1“, sagte sie, gerade als die Glocke zur nächsten
Stunde läutete.

Ich konnte mein Glück kaum fassen! Drei-elf war unsere alte Hausnummer, die ich auswendig konnte, seit ich fünf
war. *Kinderspiel*, dachte ich.

Ich kam etwa dreißig Sekunden zu spät zum Unterricht
bei Mr. Kocos, was mich zwei Tadel kostete und ein paar Extras an Lob, um sie wieder auszugleichen, damit ich nicht

nachsitzen und sie abarbeiten musste – mit Tafel abwischen, Fußboden wischen oder Fenster putzen. Kein zu hoher Preis, dachte ich, während Mr. Kocos die Strafe austeilte und meine Klassenkameraden leise vor sich hinkicherten. Sicher waren sie einfach froh, dass es nicht sie getroffen hatte.

Am nächsten Abend, nach ungefähr tausend Proben – Sie wissen schon: Man stellt sich vor, man hat den Telefonhörer in der Hand, und übt, was man sagen soll –, wählte ich schließlich ihre Nummer. Das war lange vor der Handy-Zeit; jeder, der von zu Hause aus anrufen wollte, musste dies vom selben Telefon aus tun, von dem, das im Flur zwischen Wohnzimmer und Küche stand. Für damals waren wir Hightech. Unser Telefon hatte die Wählscheibe im Hörer integriert und eine Schnur, die sich ca. 7 m ausziehen ließ (sodass man sie um die Ecke ins Badezimmer mitnehmen und die Tür hinter sich zumachen konnte) und die sich dann wieder zusammenzog, wenn man fertig war und den Hörer wieder einhängte.

Das Telefon läutete drei Mal, bevor am anderen Ende jemand dran ging.

„Hallo", sagte eine Mädchenstimme, die klang, als ob ihre Besitzerin in die High School ginge.

„Hallo?", sagte ich mit dem ganzen Selbstvertrauen, das ich aufbringen konnte. „Sharon?"

„Sharon?", kam die Stimme am anderen Ende. „Nein, hier ist nicht Sharon."

Es entstand eine peinliche Pause an beiden Enden.

„Äh", stammelte ich. „Weißt du, wann sie da ist?"

„Genau genommen", sagte die Stimme freundlich, „genau genommen gibt es hier überhaupt keine Sharon. Was für eine Nummer wolltest du?"

Ich musste einen Augenblick nachdenken. Welche Nummer hatte ich wählen wollen? Fast ohne nachzudenken, sagte ich die Vorwahl, die ich gewählt hatte, und dann ... „Null, drei, eins, eins."

„Da haben wir das Problem." In der Stimme klang ein Lächeln mit. „Hier ist Null, *zwei*, eins, eins. Du hast dich um eine Nummer verwählt."

Der Schock der verwählten Nummer brachte mich schlagartig auf den Reitplatz zurück, auf dem ich gerade stand. Allerdings nur für ein paar Augenblicke. Vor mir stand Jackie, und ihr Pferd schubste sie immer noch herum.

„Dann habe ich ihn in Beritt gegeben ... drei Monate dort ... wurde nur schlimmer ... holte ihn zurück ... ritt ihn wieder auf dem Platz ..."

Jackies Stimme wurde leiser, und an ihrer Stelle stand ich in unserem damaligen Badezimmer, mit dem Hörer am Ohr.

„Entschuldige die Störung", stotterte ich und wollte einhängen.

„Warte mal", sagte die Stimme. „Deine Stimme kommt mir bekannt vor. Kennen wir uns?"

„Glaub' ich nicht", sagte ich im Bestreben, das Gespräch so schnell wie möglich zu beenden. Es hatte ungefähr fünfzig Minuten gedauert, bis ich den Mut aufgebracht hatte, überhaupt zu wählen. Nachdem dieser erste Versuch schiefgegangen war, stand es in den Sternen, wann ich den Mut zu einem neuen Versuch aufbringen würde. Jedenfalls ging die Zeit, die ich mit diesem Mädchen verplauderte, von der Zeit ab, die ich mit Sharon sprechen konnte, falls ich sie jemals wirklich ans Telefon bekam.

„Nein, wirklich", beharrte die Stimme. „Deine Stimme kommt mir bekannt vor. In welche Schule gehst du?"

So langsam begann auch mir nun die Stimme am anderen Ende bekannt vorzukommen. Wider besseres Wissen und auf die Gefahr hin, noch mehr Zeit zu verlieren, sagte ich es ihr also. Es stellte sich heraus, dass die Stimme zu Angela Louden gehörte, einem Mädchen, das in dieselbe Schule ging, aber einige Klassen über mir. Außerdem stellte sich heraus, dass Angela mich in der kleinen Band gesehen hatte, in der ich

Schlagzeug spielte, und meine Stimme von daher erkannt hatte. Es war äußerst schmeichelhaft, dass ein älteres Mädchen mich am Telefon an der Stimme erkannt hatte.

Angela war ein Cheerleader und ging mit einem älteren Jungen aus dem Football-Team, und zwar schon ziemlich lange. Deshalb war ich mir nicht so sicher, ob es überhaupt in Ordnung war, dass ich mich mit ihr unterhielt. Nichtsdestotrotz ging unsere Unterhaltung einfach weiter. Wir sprachen über Dinge, über die ich bisher noch nie mit jemandem gesprochen hatte – über Politik, Musik, den Krieg in Vietnam, was wir nach der Schule vorhatten, was unsere Lieblingsautos waren. Wir quatschten fast eineinhalb Stunden lang, über Wichtiges und weniger Wichtiges.

Als wir uns endlich verabschiedeten, fühlte ich mich komplett anders als vorher. Ich konnte das Gefühl nicht richtig festnageln, aber irgendwie kam es mir vor, als ob ich ein Stück erwachsener geworden wäre. Als ich den Hörer einhängte, fühlte ich mich leichter und glücklicher und vielleicht ein bisschen klüger als vorher – das Ergebnis eines glücklichen Fehlgriffs, einer leicht verwählten Telefonnummer.

Einen Augenblick spürte ich hier auf dem Reitplatz wieder das gleiche Gefühl wie damals am Ende meines Gesprächs mit Angela, dann war es verschwunden, gerade als Jackie mit ihrer Geschichte, wie es ihr mit ihrem Pferd ergangen war, zu Ende kam.

„Guckig im Gelände ... schwer zu bremsen ... wendet gut nach links, nicht so gut nach rechts, und manchmal, wenn ich angaloppieren will, fängt er an zu buckeln."

Jetzt war ich wieder bei ihr, zurück auf dem Reitplatz.

„Ich habe nicht so viel mit ihm gearbeitet, hauptsächlich weil ich keinen *Fehler* und die Dinge nicht noch schlimmer machen wollte."

Ungefähr hier dämmerte mir, warum diese spezielle Erinnerung mich gerade jetzt überfallen hatte. Irgendetwas in der Art, wie sie sprach, schon ganz zu Anfang, und etwas in der Art, wie das Pferd sich benahm, hatte mir gesagt, dass es darauf hinauslaufen würde, dass sie wenig mit ihm gemacht hatte, weil sie keinen Fehler machen wollte. Diese Aussage hatte ich schon oft gehört, von vielen Menschen auf der ganzen Welt. Früher war mir nie eine passende Erklärung eingefallen, warum ich dachte, dass es nicht so schlimm war, in einer Situation wie ihrer einen Fehler zu machen. Schlimm war, gar nichts zu machen.

Es ist komisch, wie der menschliche Geist arbeitet. Jahrzehntelang war mir dieses Gespräch mit Angela nicht mehr in den Sinn gekommen. Aber genau jetzt, in einer dem Augenschein nach völlig anderen Situation, fiel mir die Lektion aus diesem eineinhalbstündigen Gespräch wieder ein, jetzt, wo sie mir am meisten nützen konnte. Die Lektion hieß: Nicht alle Fehler, die wir machen, müssen unbedingt schlimm sein.

Der Umgang mit Pferden ähnelt in vielem meinem Telefongespräch vor so vielen Jahren. Wie bei einer Telefonnummer, bei der wir eine bestimmte Nummernfolge wählen und dann mit einer bestimmten Person sprechen können, gibt es auch im Umgang mit Pferden oft eine Reihe von Schritten, auf denen wir unser Training aufbauen. Wir gehen Schritt für Schritt vor und erwarten dann ein bestimmtes Endergebnis. Wenn wir aber unbemerkt auch nur eine Zahl falsch wählen oder, bei den Pferden, einen Trainingsschritt auslassen, sprechen wir nicht nur plötzlich mit jemand ganz anderem, wir sind auch an einem ganz anderen Ort, manchmal sogar in einer anderen Stadt oder einem anderen Land!

Viele Menschen haben, besonders bei der Arbeit mit Pferden, Angst davor, einen „Fehler" zu machen, der vielleicht nicht mehr reparabel wäre. Aber wenn wir diesen Gedanken nur ein wenig umdrehen, verstehen wir sehr bald, dass Fehler nicht nur unumgänglicher Teil des Lebens sind, sie können auch sehr viel Gutes bewirken, wenn wir es nur zulassen. Das Problem besteht für manche einfach darin, dass der simple *Gedanke*, einen Fehler zu machen, sie schon in einen lähmenden Zustand der Inaktivität und der andauernden Furcht vor dem Unbekannten versetzt.

Wenn wir uns verwählt haben, entschuldigen wir uns meist nur, hängen auf und denken über die Person am anderen Ende nicht weiter nach. In meinem Fall führte mich die verwählte Nummer – eine einzige falsche Zahl – allerdings zu einem Menschen, der einen so starken Einfluss auf mein Leben hatte, wie wir es uns beide wohl nie vorgestellt hätten.

Die Frage lautet deshalb vielleicht: War dieses Verwählen, im Ganzen gesehen, wirklich ein Fehler, oder war es etwas, das sich ereignen musste, damit meine Persönlichkeit dadurch wachsen konnte? Wenn wir etwas mit unserem Pferd machen, das zu einem unerwünschten Ergebnis führt – ist es dann ein Fehler oder eine Gelegenheit zu wachsen? Wenn wir es nur als schädliches Versehen betrachten, wird es ohne Zweifel auch genau das sein. Wenn wir aber nach dem Guten darin suchen (und es gibt in allem immer etwas Gutes), werden wir auch etwas Gutes finden.

In diesem Zusammenhang finde ich es auch wichtig zu verstehen, dass nur sehr wenige Dinge im Leben *nur* gut und nur sehr wenige Dinge *nur* schlecht sind. Dasselbe Feuer, das unser Heim wärmt, kann einen Wald niederbrennen. Dasselbe Wasser, das eine Stadt überflutet, kann einem Baby als Bad dienen. Mit Elektrizität kocht der Mensch sein Essen, Elektrizität kann aber auch den Menschen töten ...

Um beim Bespiel von Jackie zu bleiben: Sie hatte sehr wenig bis gar keine Erfahrung mit Pferden. Deshalb würden sicher viele Leute das, was sie getan hatte, als Riesenfehler betrachten. Ihr erstes Pferd überhaupt wurde ein, wie sich herausstellte, ungerittener Fünfjähriger mit mehr als nur einem Verhaltensproblem, den sie vor dem Schlachter rettete. Aber bedingt durch die Wahl dieses bestimmten Pferdes hatte sie auch einen Crash-Kurs in Tiermedizin, Hufpflege und Fütterung gemacht und sich außerdem, wenn auch mehr gezwungenermaßen, einen ziemlich festen Sitz im Sattel sowie eine recht gute und gefühlvolle Zügelhand erworben. Darüber hinaus hatte sie in sehr kurzer Zeit herausgefunden, in welche Richtung ihr Pferdetraining gehen sollte, und sich die Menschen ausgesucht, die ihr und ihrem Pferd dabei am besten helfen konnten.

Auf den ersten Blick mag Jackies Wahl dieses bestimmten Pferdes daher als Fehler erscheinen, in Wirklichkeit aber hatte sie sich schneller bessere Pferdekenntnisse erworben, als wenn sie sich für ein einfacheres Pferd entschieden hätte (obwohl ich trotzdem keinem Neuling empfehlen würde, sich als erstes ein ungerittenes Pferd mit psychischen und physischen Problemen auszusuchen).

„Wollen Sie es mal versuchen?" fragte ich die Reiterin, mit deren Pferd ich die letzten dreißig Minuten Bodenarbeit gemacht hatte.

Sie hatte geklagt, dass das Pferd extrem hart im Maul und deshalb schwer zu reiten sei. Genau genommen so schwer, dass sie sich nicht mehr hinauftraute. Statt sie zu zwingen, in den Sattel eines Pferdes zu steigen, vor dem sie Angst hatte, wollte ich erst sehen, ob ich das Pferd mit etwas Fahren vom Boden aus weicher machen konnte. Wenn er sich dann etwas besser anfühlte, wollte ich sie dazubitten, damit sie ein Gefühl für die Bodenarbeit entwickeln konnte. Ich dachte, wenn ich den Wallach durch die Bodenarbeit etwas durchlässiger machen und der Besitzerin zeigen könnte, wie man das macht, würde es ihrem Selbstvertrauen zugute kommen und sie sich allmählich auch imstande fühlen, aufzusteigen und ihn vom Sattel aus zu arbeiten.

„Ich habe noch nie Bodenarbeit gemacht", sagte sie, ohne sich auch nur einen Millimeter von ihrem Standplatz außerhalb des Tors fortzubewegen. Es war klar, dass ihr Vertrauen zu ihrem Pferd und zu sich selbst einen Tiefpunkt erreicht hatte.

„Das hatte ich auch nicht, vor meinem ersten Mal", antwortete ich so entwaffnend wie möglich.

„Na ja, aber bei Ihnen sieht es so leicht aus", kam es von ihr.

„Ach, wissen Sie, das war nicht immer so", versicherte ich. Und das war mein voller Ernst. Mein erster Versuch im Fahren vom Boden aus war alles andere als eine Glanzleistung gewesen. Ich war mir nicht mal sicher gewesen, ob wir, Pferd oder ich oder beide, das überleben würden.

Ich hatte Walter Pruitt, dem „alten Mann", dem ich als Junge bei seiner Arbeit geholfen hatte, einige Male beim Fahren vom Boden aus zugesehen, obwohl er nie sehr viel auf einmal machte. Damit meine ich, dass ich ihn vielleicht im April einmal gesehen hatte, wie er ein Pferd vom Boden aus fuhr, und dann im Juni oder Juli mit einem anderen Pferd und dann wieder monatelang gar nicht. Es sah bei ihm nie sehr kompliziert oder schwierig aus, weshalb ich annahm, es sei auch nicht besonders kompliziert oder schwierig.

Nachdem ich einmal zugesehen hatte, wie er ein Pferd am langen Zügel kreuz und quer über seineWiese geführt hatte, fragte ich Walter, ob ich es auch einmal versuchen dürfte. Er sagte ja, erwähnte aber weder die Zeit, noch den Ort, noch das Pferd für meinen Versuch. Aber er hatte ja gesagt, und das reichte mir. Allerdings muss ich zugeben, dass der alte Mann diese Arbeit vom Boden aus so sporadisch einlegte, dass ich es bald wieder vergaß, einfach weil ich es nicht mehr sah.

An einem Mittsommertag ungefähr zwei Monate, nachdem ich den alten Mann zuletzt bei der Arbeit vom Boden aus beobachtet hatte, fuhr er ein Pferd vom Boden aus, das zu jung war, um geritten zu werden, aber zu alt, um gar nichts zu tun. Üblicherweise fing er damit an, das junge Pferd an das Gefühl der langen Leinen am Körper zu gewöhnen. Das dauerte insgesamt ein paar Stunden, verteilt über mehrere Tage, und das junge Pferd kannte das schon.

Machten dem Pferd die langen Leinen nichts mehr aus, brachte der alte Mann ihm bei, sich auf beiden Händen im Schritt und im Trab longieren zu lassen. Funktionierte dies zu seiner Zufriedenheit, ging er über zum Fahren vom Boden aus, was darin bestand, dass er zwei Fahrleinen rechts und links am Pferdehalfter befestigte, ungefähr auf Backenhöhe, und das Pferd wie beim Longieren um sich herumgehen ließ. Immer mal wieder ließ er das Pferd anhalten, auf die andere Hand oder rückwärts gehen, bis das Pferd sich so anfühlte, wie der alte Mann es sich vorstellte. Dann, gewöhnlich nach einigen Stunden, wieder über mehrere Tage verteilt, ersetzte er das Halfter durch einen Zaum mit Trensengebiss und wiederholte, was er zuvor schon gemacht hatte.

Der alte Mann hatte dieses junge Pferd schon drei oder vier Tage im Halfter gefahren, normalerweise Zeit für den Wechsel zur Trense, aber aus irgendeinem Grund war dies noch nicht erfolgt. Jedenfalls brachte mir der Anblick, wie er das junge Pferd vom Boden aus fuhr, wieder unser Gespräch von vor einigen Monaten in Erinnerung, als er gesagt hatte, ich könnte es irgendwann einmal mit dem Fahren vom Boden aus versuchen.

An diesem Morgen war ich etwas später dran als sonst, weil ich bei einem improvisierten Baseballspiel mit ein paar Freunden die Zeit vergessen hatte. Als ich ankam, fuhr der alte Mann gerade aus dem Tor. „Ich muss Verschiedenes besorgen", teilte er mir mit, er in seinem alten Pickup, ich auf dem Fahr-

„Ich ließ das Pferd antreten, was es auch willig tat, und schon waren wir mitten im Fahren vom Boden aus."

rad. Er fuhr kaum langsamer und nahm auch die Zigarette nicht aus dem Mundwinkel, sodass aus dem Fenster der Fahrerseite ein blau-weißes Wölkchen entwich, während er vorbeifuhr. Er war schon unten an der Straße, bevor er anhielt und rückwärts zu mir, der ich immer noch am Tor stand, zurückfuhr. „Wenn du willst, kannst du mal das junge Pferd vom Boden aus fahren." Er nahm die Zigarette aus dem Mund und schnippte die Asche herunter. „Aber nicht zu lang. Fünf oder zehn Minuten sind genug, dann stellst du ihn wieder in den Stall."

Ohne jegliche Anweisung bezüglich des Fahrens vom Boden aus als solchem legte der alte Mann den Gang ein und fuhr davon. Vermutlich dachte er, ich hätte vom Zusehen genügend gelernt, und in der Rückschau vermute ich, dass ich wahrscheinlich ähnlich dachte. Schließlich sah es bei ihm so leicht aus, es gab für mich keinen Grund, warum es nicht auch leicht sein sollte.

Als ich meine tägliche Arbeit erledigt hatte, holte ich das junge Pferd von der Weide, brachte es in den Round Pen, holte die Fahrleinen aus der Sattelkammer und hakte sie ins Halfter ein, wie ich es bei dem alten Mann gesehen hatte. Ich ließ das Pferd antreten, was es auch willig tat, und schon waren wir mitten im Fahren vom Boden aus. Anfangs hatte ich meine Mühe mit den langen Leinen und verhedderte mich auch ein paar Mal in den herabhängenden Enden, aber ansonsten ging alles glatt. So glatt, dass ich nach etwa zehn Minuten dachte, vielleicht wäre es eine gute Idee, die Trense zu holen und das Pferd mit Trense zu fahren. Schließlich *war* das der nächste Schritt, und der alte Mann würde sicher nichts dagegen haben, wenn ich ihm dies abnahm.

Also ging ich nach ein paar Minuten wieder in die Sattelkammer. Während ich so dastand und auf die Reihen von Zäumen sah, die an der Wand hingen, und mir überlegte, welcher wohl der passendste für dieses junge Pferd wäre (wobei ich keine Ahnung hatte, nach welchen Kriterien die Wahl zu treffen war), stellte ich mir vor, wie beeindruckt der alte Mann sein würde, wenn er bei seiner Rückkehr feststellen würde, dass er das Pferd nicht mehr mit der Trense zu fahren brauchte, weil ich das schon für ihn erledigt hatte.

Der Kleine protestierte ein bisschen, als ich versuchte, ihm die Trense ins Maul und das Genickstück über die Ohren zu schieben. Ehrlich gesagt protestierte er sogar ziemlich heftig, ich brauchte gute fünfzehn Minuten, bis ich es geschafft hatte. Als er das Gebiss endlich im Maul hatte, versuchte er es die meiste Zeit wieder auszuspucken, etwas, was ich nie gesehen hatte, wenn der alte Mann ein Pferd vom Boden aus mit der Trense fuhr. Damals wusste ich allerdings auch nicht, dass der alte Mann den Pferden immer einige Tage Zeit ließ, sich an das Gebiss zu gewöhnen, bevor er mit ihnen arbeitete. Das wäre ein ziemlich wichtiges Stück Information gewesen.

Schnell hatte ich die Leinen am Gebiss befestigt und

lenkte den Kleinen im Round Pen im Kreis wie vorher am Halfter. Es ging alles recht gut, bis ich ihn nach rechts abwenden wollte, der Kleine sich am Gebiss stieß, den Kopf nach links riss, in Panik geriet und losrannte. Ich versuchte ihn wieder nach rechts abzuwenden, diesmal mit mehr Druck, da das, was ich als mäßigen Druck betrachtete, nicht das gewünschte Ergebnis zu bringen schien. Das Ergebnis war diesmal eine noch heftigere Reaktion, so heftig, dass er sogar zu steigen versuchte, ohne mit dem Rennen aufzuhören.

Da es mit dem Abwenden nicht klappen wollte, beschloss ich, das Pferd einfach anzuhalten. Ich nahm also beide Leinen so stark an, wie ich es zuvor getan hatte, als sie am Halfter befestigt waren, aber sehr zu meiner Überraschung brachte es ihn diesmal keineswegs zum Anhalten. Stattdessen schüttelte er nicht nur höchst eindrucksvoll mit dem Kopf, sondern schien auch immer schneller zu werden!

Wieder versuchte ich ihn nach rechts abzuwenden, was mir schließlich auch gelang (ehrlich gesagt war er wahrscheinlich schon von sich aus auf diesem Weg), und sobald er sich nach rechts herumgeworfen hatte, legte er wieder los, so schnell er nur konnte. Er flog um den Round Pen, schüttelte mit dem Kopf, keilte nach den Leinen und schrie der Welt im Allgemeinen in den höchsten Tönen seinen Protest zu.

Eine Weile war ich ganz schön beschäftigt damit, die Leinen im Griff zu behalten und mich nicht darin zu verheddern. Meine Versuche, den Kleinen wieder unter Kontrolle zu bringen, brachten überhaupt nichts. Nach einem großen Bocksprung flog ihm die äußere Leine über den Rücken, sodass mir auch noch meine sowieso schon geringe Einflussmöglichkeit auf dieser Seite ganz abhanden kam. Nach einer halben Ewigkeit hörte das Pferd praktisch von selbst mit der panischen Rennerei auf, fuhr herum und sah mich an, als ob es fragen wollte: *Was willst du eigentlich?* Unbeeindruckt sortierte ich die Leinen neu und fing einfach wieder von vorne an. Es wurde nicht besser. Als Neuerrungenschaften kamen nun hinzu: Steigen auf der Stelle, Abschnellen in die Luft und Bocksprünge, von denen einer so heftig war, dass sich die Leine unter seinem Schweif verklemmte, was der bisher schon äußerst eindrucksvollen Vorstellung ein ganz neues athletisches Bewegungsmoment hinzufügte.

Ich weiß nicht genau, wie viel Zeit vergangen war zwischen meinem Beginn im Round Pen und dem Augenblick, als ich den alten Mann am Zaun stehen sah. Auf jeden Fall war es lang genug, um uns beide, mich und das Pferd, in Schweiß zu baden, ohne dass viel dabei herausgekommen wäre.

„Wie läuft's?", fragte er nonchalant, während er am Zaun lehnte und sich eine Zigarette anzündete.

„Er lässt sich nicht abwenden, nicht anhalten und gar nichts", sagte ich und versuchte, nicht gar zu jämmerlich zu klingen.

„Das sehe ich", sagte er. „Lass ihn doch einfach laufen. Versuch nicht, ihn zu irgendetwas zu bringen, setz ihn nicht unter Druck und warte ab, ob er nicht von allein aufhört."

Das war leicht gesagt. Vermutlich hatte er nie mit einem derartig blödsinnigen Pferd zu tun gehabt. Aber ich musste zugeben, dass mir auch nichts Besseres mehr einfiel. Also tat ich, was er gesagt hatte, und tatsächlich blieb der Kleine nach vier oder fünf Runden einfach stehen.

„Da", sagte der alte Mann und kam gelassen in den Pen und auf mich zu. Ruhig nahm er mir die Leinen aus der Hand, und ich nahm an, dass ich mich damit als gefeuert betrachten konnte. Entmutigt ließ ich den Kopf hängen und ging in Richtung Tor.

„Nein", sagte er. „Bleib hier. Eigentlich war das heute noch nicht dran, aber nachdem wir einmal damit angefangen haben, können wir so nicht aufhören." Und damit begann der alte Mann mit dem jungen Pferd zu arbeiten, während ich dicht hinter ihm oder etwas seitlich von ihm stand. Er sprach davon, ein Pferd ans Gebiss zu gewöhnen, bevor man erwarten konnte, dass es darauf reagierte, davon, dass man versuchen sollte, einigermaßen die Ruhe zu bewahren, auch wenn das Pferd nervös war. Er sprach von vielen Dingen, während er mit dem Pferd arbeitete und seinen Zauber wirken ließ, nur eines erwähnte er nicht: das Riesenchaos, das ich angerichtet hatte, als ich etwas zu tun versucht hatte, was mich überhaupt nichts anging.

In kurzer Zeit arbeitete der Kleine in der Trense ebenso gut wie am Halfter. Der alte Mann überließ mir sogar eine Weile die Leinen, damit ich mich wieder besser fühlte als am Ende meiner ersten Zusammenarbeit mit dem jungen Pferd. Später, als alles vorbei und das Pferd geputzt und in den Stall gebracht war, ging ich zu dem alten Mann und wollte mich vor allem dafür entschuldigen, dass ich mich nicht an seine Anweisungen gehalten hatte.

„Ich wollte nur sagen, wie leid es mir tut", sagte ich. Er saß auf seinem Stuhl in der Sattelkammer, rauchte seine ewige Zigarette und schnitt sich ein paar Lederriemen zurecht, die er für irgendwelche Reparaturarbeiten brauchte. „Ich hätte das nicht tun sollen, und es wird auch nie wieder vorkommen. Es tut mir leid."

Ein paar Sekunden saß er nur da, und ohne auch nur zu mir hochzuschauen, sagte er: „Hast du heute etwas gelernt?"

„Ja, Sir", sagte ich nach kurzem Nachdenken. Eigentlich wollte ich ausführlich darlegen, dass ich den Kleinen nur am Stallhalfter hätte arbeiten und nicht zur Trense hätte übergehen sollen, und dass ich ihn auch nur zehn Minuten hätte arbeiten sollen, wie er es mir gesagt hatte. Ich wollte ihm sagen, ich hätte das junge Pferd nicht so unter Druck setzen sollen, und noch ein paar andere Gedanken, die mir durch den Kopf gingen. Aber wie sich herausstellte, brauchte es dies alles nicht. Bevor ich auch nur den Mund aufmachen konnte, sah er kurz zu mir auf.

„Gut", sagte er ruhig und nickte langsam. „Weil, wenn du etwas gelernt hast, dann war es kein Fehler."

Klar, niemand macht gern schlimme Fehler, besonders bei der Arbeit mit einem Pferd. Auf der anderen Seite geht es einfach nicht ohne ein paar Fehler ab, wenn man irgendetwas richtig machen will. Erstaunlicherweise scheinen Menschen, die Fehler als Teil des Lebens akzeptiert haben, meiner Erfahrung nach insgesamt die wenigsten Fehler zu machen. Im Vergleich dazu haben Menschen, die absolut *keine* Fehler machen wollen und die größten Anstrengungen unternehmen, um sie zu vermeiden, am Ende oft die meisten Probleme.

Nehmen wir Jackies Fall als Beispiel. Als sie das Pferd bekam, ging es ihr nur darum, dafür zu sorgen, dass es ihm körperlich und seelisch besser ging. Es kam ihr überhaupt nicht in den Sinn, sie könnte einen Fehler machen. Sie ließ sich vom Tierarzt ihres Vertrauens beraten und von einem Nachbarn helfen, der viel Erfahrung mit Pferden hatte, und sie erreichte in verhältnismäßig kurzer Zeit, dass es dem Pferd tatsächlich besser ging.

Jackie nahm Reitstunden auf dem Pferd des Nachbarn und lernte die reiterlichen Grundlagen. Mit ihrem Nachbarn zusammen ritt sie den kleinen Wallach an und lernte dabei eine ganze Menge. Erst als der Nachbar kurz darauf wegzog, fing sie an, sich Sorgen zu machen, ihr könnte ein Fehler unterlaufen, obwohl bisher alles wunderbar gegangen war.

Dann schickte sie das Pferd zu einem Ausbilder, der es schneller voranbringen wollte, als es der Verfassung des Pferdes entsprach, worauf es einige schwerwiegende Verhaltensprobleme entwickelte. Als Jackie sah, was mit dem Pferd passierte, wusste sie, dass etwas nicht stimmte, und nahm das Pferd mit zurück nach Hause. Und dann hatte sie, weil sie um alles in der Welt die Dinge nicht noch schlimmer machen wollte, ganz aufgehört, mit dem Pferd zu arbeiten.

Als die beiden in meinen Kurs kamen, benahm der Wallach sich schlecht, schubste sie herum, ließ sich kaum führen, machte Theater beim Satteln und Reiten und war mit der ganzen Welt insgesamt nicht sehr glücklich. Interessanterweise waren Umgang und Training problemlos verlaufen, bevor Jakkie sich Gedanken darüber machte, jedweden Fehler zu vermeiden. Erst als sie das Pferd wieder zu Hause hatte und die Dinge nicht noch schlimmer machen wollte, *wurden* sie wirklich schlimmer.

Was Jackie damals nicht verstand und was viele Leute nicht verstehen, ist, dass die meisten Verhaltensprobleme und Untugenden nur so schlimm sind, wie sie uns erscheinen. Meistens sieht es viel schlimmer aus, als es wirklich ist. Wir lassen uns davon einschüchtern, weil wir es nicht verstehen und oft auch nicht wissen, wie wir damit umgehen sollen. Wenn ein Pferd solch eine Untugend entwickelt, glauben wir, wir hätten irgendwie schon einen Fehler gemacht, denn sonst würde das Pferd sich nicht so benehmen. Also wollen wir nicht noch einen Fehler machen und machen lieber gar nichts.

Wir konzentrieren uns auf diese Weise voll auf das Problem, nicht auf die Lösung. Aber nicht nur, dass die Lösung sehr oft genau vor uns steht – der „Fehler", den wir gemacht haben und der das Verhalten des Pferdes provoziert hat, ist höchstwahrscheinlich genau der Schlüssel, mit dem sich das unerwünschte Verhalten wieder abstellen lässt! Es ist wie das Wählen einer einzigen falschen Zahl innerhalb einer Nummernfolge, wodurch man jemanden ans Telefon bekommt, mit dem man nicht gerechnet hat. Auch wenn man diesen Jemand nicht wirklich anrufen wollte, ihn oder sie überhaupt nicht kennt, heißt das nicht, dass dieser Jemand nicht vielleicht etwas zu bieten hätte, was uns das Leben ein wenig leichter macht.

Eine aus Versehen gewählte Telefonnummer ist nicht unbedingt eine falsche Nummer. Es ist einfach nicht die Nummer, die man hatte wählen wollen. Wenn wir die Person erreichen wollen, deren Nummer wir ursprünglich anrufen wollten, wählen wir erneut. Ich glaube, dass ein Fehler im Umgang mit einem Pferd oder in seinem Training ebenso wenig falsch ist. Mit einem „Fehler" erzielen wir einfach nicht das Ergebnis, das wir haben wollten. Ein Ergebnis haben wir aber trotzdem erreicht. Ist es nicht das, was wir haben wollten, versuchen wir es erneut. Wir dürfen nicht vergessen, dass das, was das Pferd als Antwort auf unsere Forderung anbietet, einfach eine Information ist – nicht mehr und nicht weniger. Es ist nicht gut oder schlecht, es ist eine Information. Die Reaktion auf eine Forderung ist einfach eine Kompassnadel, die uns die Richtung anzeigt, in die wir gehen sollten. Sie ist nicht das Ende, sie ist oft nur der Anfang. Nicht das, was wir gerade getan haben, sondern das, was wir als Nächstes tun, ist entscheidend dafür, ob wir Fortschritte machen oder nicht.

Es könnte sein, dass die Fehler, die wir begehen (mit Pferden oder im Leben), weiter nichts sind als Gelegenheiten – Gelegenheiten, die nur auf eine Zeit oder einen Ort gewartet haben, um aufzutauchen. Und überhaupt: Wenn wir etwas daraus lernen, sind sie vielleicht sowieso überhaupt keine Fehler.

GRENZEN SETZEN

Ratata – ratata – ratata – ratata ... anscheinend hatte ich noch nicht heraus, wie man zu einem einwandfreien Einkaufswagen kommt. Normalerweise war Wendy, einundzwanzig Jahre lang meine Ehefrau, für das Einkaufen zuständig gewesen, hauptsächlich weil ich so viel unterwegs war. War ich einmal zu Hause, war ich meist mit den Tieren oder anderen Dingen beschäftigt, die mich vom Haus fernhielten. Dass wir uns schließlich trennten, lag vermutlich zumindest teilweise daran, dass ich so wenig daheim war. Eine alleinerziehende Mutter hat es nicht einfach, und noch schwieriger ist es wohl, verheiratet und dennoch alleinerziehend zu sein.

Wir trennten uns freundschaftlich, nachdem Wendy beschlossen hatte, lieber in einer eigenen kleinen Wohnung zu leben. Sie verließ also das Haus, in dem wir die letzten sieben Jahre gelebt hatten, und unsere zwei Jungen und ich übernahmen den Haushalt. Das war jetzt etwas über einen Monat her, und deshalb war nun ich für Hausarbeit zuständig, womit ich ehrlich gesagt nicht viel Erfahrung hatte. Zu meinen Aufgaben gehörte nun einmal die Woche der Lebensmitteleinkauf, zu dem ich gerade unterwegs war, als ich diesen Einkaufswagen entdeckt hatte, der ganz allein gleich hinter der Eingangstür zum Supermarkt stand.

Der Wagen braucht einen Job, dachte ich, und schob ihn in Richtung Brot und Backwaren. Nach kaum einem Meter verstand ich, warum der Wagen ganz allein dagestanden hatte. Der Rahmen war leicht verzogen, sodass das linke Vorderrädchen etwas abstand und keinen richtigen Kontakt zum Boden hatte. Das Ergebnis war, dass der Wagen nicht richtig spurte

„Wir hatten nie Probleme mit Pferden, die uns beim Führen angerempelt oder umgerannt hätten."

und unkontrolliert herumschlingerte, als ich ihn um eine junge Hausfrau herum lenkte, die mir mitfühlend zulächelte.

Ratata – ratata – ratata – ratata, protestierte das Rädchen. Die erfahreneren Einkäufer, diejenigen, die wussten, wie man einen funktionierenden Einkaufswagen findet, nickten wissend in meine Richtung, als wir vorbeischwankten. Die ersten paar Durchgänge waren noch kein großes Problem, abgesehen von dem Krach, den mein Wagen und ich machten. Aber je mehr Waren ich in den Korb legte, desto problematischer wurde es. Beim dritten Regal, nachdem ich zwei Achter-Packungen Limo hineingelegt hatte, bogen wir nach links ab, und das Geräusch, das der Einkaufwagen machte, änderte sich dramatisch.

Krrr ... ack – krrr ... ack – krrr ... ack, protestierte der Wagen und scherte etwas nach links aus, wobei er eine kleine ältere Dame, die gerade eine Flasche Wasser vom Regal nahm, aus dem Weg räumte. „Entschuldigung", sagte ich mit gezwungenem Lächeln. Sie schüttelte den Kopf, und ihr Gesichtsausdruck sagte: „Anfänger."

Die nächsten paar Durchgänge waren nicht viel besser. Je schwerer der Wagen wurde, desto mehr hatte er zu kämpfen. Mir taten schon die Handgelenke weh vor lauter Anstrengung, ihn von einem Ende zum anderen zu befördern, wobei unser Weg mehr dem Gehoppse einer Krähe am Boden ähnelte. An der Milch schließlich brauchten wir beide eine kleine Pause. Ich stand neben meinem verletzten Wagen, rieb mir die Handgelenke und sah mir die anderen Leute an, die mit ihren gesunden Wagen so viel eleganter vorankamen. Da fiel mir etwas auf, das ich mit meinem Hintergrund als Pferdetrainer interessant fand.

Als ich die Menschen beobachtete, die an mir vorbeikamen, vor den Regalen standen und Etiketten entzifferten oder Dinge in ihren Korb legten, begann sich ein bestimmtes Muster abzuzeichnen. Wohin ich auch schaute, immer schien ein Käufer vom anderen gleich weit entfernt zu sein. Als gäbe es ein stillschweigendes Übereinkommen, dass niemand im Laden dem nächsten Kunden jemals näher als einen halben Meter auf den Leib rücken dürfte, als sei jeder Kunde von einem Kraftfeld von einem halben Meter umgeben. Noch interessanter: Übertrat jemand aus Versehen die „Grenze" des Nachbarn, was ab und zu vorkam, stellten die beiden, ohne auch nur aufzuschauen, unauffällig die Halbe-Meter-Distanz wieder her.

Der Grund, warum ich dieses Verhalten so interessant fand, besonders aus der Perspektive eines Pferdetrainers, war, dass die Grenzen, an die wir uns im zwischenmenschlichen Verhalten so streng halten – Grenzen, die uns oft nicht einmal bewusst sind –, uns oft total abhanden kommen, sobald ein Tier ins Spiel kommt.

Darüber dachte ich noch nach, während wir, mein Wagen und ich, müde unsere Einkäufe erledigten und krampfhaft versuchten, nichts Kostspieliges anzurempeln, bis wir endlich ratternd und schlingernd die Kasse erreichten.

Ich muss zugeben, dass ich nie über Grenzen zwischen Pferden und Menschen nachgedacht hatte, bevor ich anfing, Kurse zu geben, vermutlich weil es damit nie Probleme gegeben hatte. Auch als ich noch für den alten Mann arbeitete, hatten wir nie Probleme mit Pferden, die uns beim Führen angerempelt oder umgerannt hätten. In all den Jahren der Rancharbeit, wo wir es manchmal mit einem Bestand von über 120 oder 130 Pferden zu tun hatten, kann ich mich an kein einziges derartiges Problem erinnern.

Aber hier stand ich nun in dieser schlammigen Reitbahn. Es schüttete so heftig, dass mein Filzhut schon seit Stunden durchgeweicht war und sogar meine frisch geölte Jacke die Nässe durchließ, und ich beobachtete, wie das vierte Pferd an diesem Tag seine Besitzerin anrempelte.

„Ich glaube, ich muss an seinem persönlichen Freiraum arbeiten", sagte die Frau über das Geprassel des Regens hinweg. Das Pferd wechselte zwischen zornigem Scharren in den Pfützen zu seinen Füßen und Rammstößen gegen seine Besitzerin. „Ich weiß, Sie haben so etwas heute schon mal gesagt, aber ich konnte Sie vor lauter Regen kaum verstehen."

Der Regen. Vor zwei Tagen, als dieser Kurs begann, hatte er angefangen und seither nicht wieder aufgehört. Genau genommen war es ein Vier-Tage-Kurs, der in zwei Zwei-Tage-Kurse zerfiel, das heißt eine Reitergruppe machte einen Zwei-Tage-Kurs, und dann kam eine weitere Reitergruppe für die nächsten zwei Tage. Dies war der erste Tag der zweiten Gruppe, und von den fünf Reiterinnen und Reitern, die ich bis jetzt gesehen hatte, hatte nur eine kein „Freiraum-Problem" mit ihrem Pferd gehabt. Probleme mit dem persönlichen Freiraum hatte ich ziemlich viele gesehen, seit ich vor fünf Jahren mit den Kursen angefangen hatte. Tatsächlich hatte ich in diesen fünf Jahren mehr Pferde und Reiter mit Freiraum-Problemen gesehen als in den fünfunddreißig Jahren zuvor.

„Grenzen sind für Pferde sehr wichtig", sagte ich und lehnte meinen durchweichten Hut gegen den Wind. „Sie sind so wichtig, dass Sie ein neues Pferd in eine Herde von dreißig Köpfen stecken können, und das Pferd kennt innerhalb von Minuten seine jeweilige Grenze zu jedem einzelnen Herdenmitglied. Es weiß, wem es nahe kommen kann, wen es herumschubsen kann und von wem es herumgeschubst werden wird."

„Der Regen. Vor zwei Tagen, als dieser Kurs begann, hatte er angefangen und seither nicht wieder aufgehört."

Der Wind hatte die Richtung gewechselt und blies mir genau ins Gesicht. Das Pferd, nun noch mehr verärgert, stieß die Besitzerin mit der Nase an und drehte dem Wind dann die Rückseite zu. Das tat ich auch.

„Pferde rempeln Dinge an", fuhr ich fort, die Hände tief in den Jackentaschen vergraben, um sie einigermaßen warm zu halten; von trocken konnte sowieso schon lange keine Rede mehr sein. „So lernen sie, wo sie im Verhältnis zu dem angerempelten Ding stehen. Gibt das Ding nach, lernen sie, dass es wahrscheinlich auch künftig nachgeben wird. Gibt es nicht nach, hören sie auf, es anzurempeln."

Der Wind peitschte in das Mikro, das ich an der Wange trug. Das Geräusch, das daraufhin aus dem Lautsprecher kam, der mit einer Plastikplane abgedeckt neben dem Tor stand, erinnerte stark an Donnergrollen.

„Es ist egal, ob das Ding, das sie anrempeln, ein Mensch, ein Tor, ein Zaun oder ein anderes Pferd ist", erklärte ich weiter. „Wenn es nachgibt, werden sie weiterrempeln."

Wie aufs Stichwort langte das Pferd herüber und stieß seine Besitzerin zum vierten Mal heftig mit dem Kopf an, mit solcher Kraft, dass sie das Gleichgewicht verlor und in meine Richtung umfiel. Es war klar, dass ich meine Hände nicht schnell genug aus den Taschen bekommen würde, um sie aufzufangen, also stellte ich mich ihr einfach in den Weg, was genügte, um sie auf den Füßen und aus dem Schlamm herauszuhalten.

„Haben Sie etwas dagegen, wenn ich ihn ein paar Minuten nehme?", fragte ich, während ein Schwall Regenwasser von meinem Hutrand schwappte.

„Nur zu." Bereitwillig streckte sie mir den Führstrick entgegen.

Kaum hatte ich den Strick in der Hand, als das Pferd sich auf mich zu bewegte und Anstalten machte, mir einen Nasenstüber zu verpassen. Ich streckte den Arm ohne Strick aus und erwischte mit den Fingerspitzen das Ende seiner Nase. Überrascht gab er ein lautes Schnarchen von sich, sprang etwas zurück, schüttelte den Kopf und machte Anstalten zu steigen, kam aber nicht sehr hoch.

Weniger als zehn Sekunden später versuchte er es noch einmal, nur um wieder in meine Fingerspitzen zu rennen. Dieses Mal stieg er wirklich und versuchte sogar, nach links auszubrechen. Als das Ende des Führstricks erreicht war, wurde sein Kopf abrupt herumgerissen, sodass er mir nun gegenüberstand. Er ging rückwärts, wobei er drei oder vier Mal mit dem Kopf schlug und jedes Mal gegen den Widerstand des Stricks prallte. Dann blieb er stehen.

Schnell schaltete sich die Besitzerin ein. „Er kann einem schon ganz schön zu schaffen machen", sagte sie und legte einige Distanz zwischen sich und das Pferd. „Besonders wenn er verrückt spielt."

„Bevor Sie zu weit weg sind", warf ich ein. „Können Sie mir sagen, wie Ihre Grenzen bei diesem Pferd aussehen?"

„Wie meinen Sie das?", fragte sie, immer noch rückwärts gehend.

„Bestehen irgendwelche Grenzen zwischen Ihnen und ihm?", wiederholte ich. „Wie nah darf er Ihnen jeweils kommen?"

„Oh." Einen Augenblick zögerte sie, dann streckte sie die Hände aus, als wollte sie zeigen, wie groß der Fisch war, den sie heute gefangen hatte – und es war kein sehr großer Fisch. „Ich weiß nicht, so vielleicht." Sie schaute auf ihre Hände und nahm sie etwas weiter auseinander. „Vielleicht so – irgendetwas in der Art."

Zum dritten Mal versuchte der Wallach, mich mit dem Kopf anzurempeln, und zum dritten Mal hob ich die Hand. Diesmal bremste er, kurz bevor er in Kontakt mit meinen Fingern kam, und ging ungefähr eine Armlänge auf Distanz zu mir.

„Wie weit sollte es denn sein?", fragte sie.

„Ehrlich gesagt ist es gleich, wie Ihre Grenzen aussehen." Ich drehte den Kopf aus dem Wind und versuchte, das
Donnergrollen aus meinem Mikro zu mindern. „Sie müssen
nur welche haben, und das konsequent."

Das Pferd stand nun ruhig da und versuchte nicht weiter, mich herumzuschubsen.

„Meine Grenze ist eine Armlänge." Ich streckte meinen
Arm in Richtung Pferdenase aus; sie war etwa zehn Zentimeter von meinen Fingerspitzen entfernt. „Solange er sich außerhalb dieser Grenze hält, ist alles bestens. Kommt er näher oder
versucht auch nur, näher zu kommen, muss ich ein Wörtchen
mit ihm reden."

„Ich versuche, ihn von mir fernzuhalten", sagte sie.
„Aber immer, wenn er mich anrempelt und ich ihn rückwärts
richte, kommt er wieder auf mich zu."

Ich erklärte, der Grund für dieses Zurückkommen sei
höchstwahrscheinlich, dass er sie wegschieben konnte, wenn
er sie anrempelte. Das hatten wir ja gerade gesehen. Weiter
erklärte ich, dass solche Dinge sich oft so allmählich einschlei-
chen, dass wir es gar nicht merken, bis sie sich zu einem größeren Problem ausgewachsen haben, wie in diesem Fall.

„Ein Beispiel", begann ich. „Sagen wir, wir führen ein
Pferd vom Stall auf die Koppel. Auf dem Weg treffen wir einen
Freund, bleiben stehen und unterhalten uns eine Weile. Wäh-
renddessen rempelt uns das Pferd einmal zufällig an, und wir
bewegen uns ein wenig, nur ein bisschen. Wir sind so in unser
Gespräch vertieft, dass wir nicht einmal registrieren, dass das
Pferd uns angerempelt hat. Aber das Pferd hat es registriert.
Und es hat auch bemerkt, dass wir uns bewegt haben. Wäh-
rend wir uns weiter unterhalten, schubst es uns noch einmal,
um zu sehen, ob es das gleiche Ergebnis erzielt. Das tut es.
Dann schubst es uns vielleicht das dritte oder vierte Mal.
Schließlich rempelt es uns möglicherweise mehrfach an, be-
vor wir überhaupt etwas bemerken."

Der Wind nahm etwas ab. Ebenso der Regen.

„Ich glaube nicht, dass das bei mir zutrifft", protestierte die Frau. „Ich weiß sehr wohl, wenn er mich anrempelt."

„Aha", nickte ich. „Wissen Sie, wie oft er Sie angerempelt hat, seit Sie ihn in die Arena gebracht haben?"

Eine Sekunde zögerte sie. Sie sah das Pferd an und dann wieder mich. „Nur das eine Mal", sagte sie dann mit Nachdruck. „Als ich das Gleichgewicht verloren habe und gegen Sie gefallen bin."

„In Wirklichkeit hat er Sie vier Mal angerempelt." Ich wollte sie weder korrigieren noch mit ihr streiten. Sie sollte die Situation nur realistisch sehen lernen. Viele Menschen geben dem Pferd die Schuld an einem solchen Verhalten, obwohl in Wirklichkeit sie selbst es waren, die dem Pferd, wenn auch unabsichtlich, dieses Verhalten beigebracht haben. Wenn sie einsah, dass sie dem Pferd tatsächlich viel öfter erlaubt hatte, sie anzurempeln, als ihr selbst bewusst war, könnte dies der erste Schritt zur Lösung des Problems sein.

„Jedenfalls", fuhr ich fort. „Bis wir endlich merken, dass das Pferd uns anrempelt, hat es bereits gelernt, dass es dies tun kann. Noch wichtiger: Es hat gelernt, dass es keine Konsequenzen zu befürchten hat. An diesem Punkt ist es schon viel schwieriger, das Problem in den Griff zu bekommen. Nicht weil das Pferd angriffslustig oder respektlos wäre, sondern weil es auf seiner Seite zu einem erlernten und akzeptierten Verhalten geworden ist." Ich machte eine Pause und drückte das Kinn auf die Brust, woraufhin ein Eimer Wasser von meinem Hutrand platschte. „Und das Interessante daran ist", erklärte ich weiter, „dass es normalerweise nicht mehr als fünf Minuten dauert, es ihm beizubringen."

„Wollen Sie damit sagen, das ganze Problem wäre überhaupt nicht erst aufgetreten, wenn ich ihm schon die allererste Rempelei nicht hätte durchgehen lassen?"

„Na ja" sagte ich. „Genau weiß ich es natürlich nicht,

aber ich halte es für sehr wahrscheinlich. Schließlich ist es immer einfacher, sich aus Ärger herauszuhalten, als aus Ärger wieder herauszukommen."

„Ich glaube, ich dachte, er wollte mir seine Zuneigung zeigen", sagte sie und rückte ein Stückchen näher.

„Vermutlich denken das sehr viele Leute", nickte ich. „Und in manchen Fällen stimmt es vielleicht auch. Aber ich glaube, es ist auch wichtig zu verstehen, dass Pferde ganz allgemein nicht besonders zärtlich sind."

Die Frau streckte die Hand aus, um ihr Pferd zu streicheln. Er holte mit der Nase aus zum nächsten Stoß. Bevor er sie erreichen konnte, brachte ich ihn mit einem Ruck am Führstrick zur Räson.

„Wollen Sie sagen, mein Pferd mag mich nicht?" Ihre Stimme klang skeptisch.

„Nein, Ma'am", schüttelte ich den Kopf und drückte meinen Hutrand nach unten. Noch mehr Wasser floss herab. „Das will ich überhaupt nicht sagen. Ich sage nur, dass Pferde Zuneigung nicht immer in der gleichen Weise ausdrücken wie Menschen."

Weiter erklärte ich, dass wir Menschen im Allgemeinen eine Spezies sind, die viel auf Körperkontakt und Gefühl gibt. Wir möchten andere Menschen gern berühren, um ihnen besser verständlich zu machen, wie wir zu ihnen stehen. Wir brauchen den Körperkontakt, wenn wir Menschen zeigen wollen, dass wir sie gern haben, wenn wir sie trösten wollen, manchmal sogar wenn wir Grund zum Schimpfen haben. Selbst wenn wir jemand gerade erst kennenlernen, strecken wir die Hand aus und berühren ihn: Wir geben ihm die Hand.

Pferde dagegen berühren sich weniger, wenn es darum geht, sich gegenseitig zu trösten oder Zuneigung oder auch Unmut zu zeigen. Das heißt nicht, dass sie solche Gefühle nicht haben. Sie zeigen sie nur nicht oft in derselben Weise wie Menschen. Wir Menschen scheinen in Schwierigkeiten zu geraten, wenn wir menschliche Wesenszüge auf Pferde oder auch andere Tiere projizieren, oder wenn wir das, was ein Pferd anbietet, missverstehen.

Ein Pferd, das uns anrempelt, um zu sehen, ob es uns nicht in Bewegung versetzen kann, zeigt keine Zuneigung. Er muss auch nicht unbedingt die Dominanz über uns im Sinn haben, obwohl es meiner Meinung nach damit enden kann, wenn wir nicht aufpassen. Ich glaube eher, dass es meistens damit anfängt, dass ein Pferd einfach herauszufinden versucht, ob das Ding, das es anrempelt (der Mensch), sich bewegen lässt. Bewegt sich der Mensch, weiß das Pferd, dass er sich mehr als wahrscheinlich wieder bewegen wird, wenn er erneut angerempelt wird. *Allmählich*, wenn das Verhalten nicht abgestellt wird, verwandelt es sich in eine Angelegenheit der Dominanz.

„Pferde rempeln Artgenossen aus den verschiedensten Gründen an", führte ich weiter aus. „Einer ist sicher, Dominanz über ein anderes Pferd zu gewinnen oder den persönlichen Freiraum zwischen zwei Pferden zu bestimmen. Es kann aber auch eine Aufforderung zum Spielen sein, es kann dazu dienen, zum Futter oder Wasser oder davon wegzuführen, ein langsameres Pferd anzutreiben, ein schnelleres Pferd abzubremsen, ein anderes Pferd zur Herde zurück oder von ihr weg zu treiben und vieles mehr."

„Damit wollen Sie also sagen, dass es nicht immer etwas mit Dominanz zu tun hat, wenn ein Pferd ein anderes anrempelt?", warf die Frau ein.

„Das ist meine Meinung", nickte ich. „Es ist allerdings auch nicht immer ein Zeichen von Zuneigung. So ist es auch, wenn sie es mit uns machen. Wenn sie uns anrempeln, versuchen sie nicht immer, die Oberhand zu gewinnen, sie versuchen auch nicht immer, zärtlich zu sein. Manchmal ist ein Rempler einfach ein Rempler. Wie wir auf diesen Rempler reagieren – wenn überhaupt –, entscheidet darüber, wie das Pferd uns von da an wahrnimmt."

Langsam nickte die Frau zustimmend. Ein strahlendes Lächeln glitt über ihr Gesicht.

„Kann ich ihn jetzt wieder nehmen?", fragte sie höflich.

„Ich glaube, mein Pferd und ich sollten vielleicht an *meinen* Freiraum-Problemen arbeiten."

„Genau." Ich übergab ihr den Führstrick.

Der Himmel öffnete wieder seine Schleusen. Während die Besitzerin begann, mit ihrem Pferd die Grenzen festzulegen, stellte ich langsam fest, dass die fünf Schichten, die ich unter der Jacke trug, um mich trocken zu halten, nicht reichen würden.

Grenzen beziehungsweise der Mangel an Grenzen ist eines der Themen, denen ich in meinen Kursen wohl mit am häufigsten begegne. Manche Menschen scheinen Probleme mit der Vorstellung zu haben, dass es zwischen ihnen und ihrem Pferd überhaupt irgendwelche Grenzen geben sollte. Hier einige der Hauptgründe, wie sie sich mir darstellen: Erstens genießen es manche Leute wirklich, ihren Pferden nahe zu sein, und zweitens scheinen sie Angst davor zu haben, die Gefühle ihres Pferdes zu verletzen. Das endet oft damit, dass ich in meinen Kursen Besitzer zu sehen bekomme, die von ihren Pferden gezogen, geschoben, bedrängt, geschubst, herumgezerrt, gekniffen und manchmal sogar umgerannt werden.

Viele Leute bezeichnen diese Art von Verhalten als respektlos oder als mangelnde Rücksichtnahme auf die Person am anderen Ende des Führstricks. Aber bevor wir einem Pferd das Etikett „respektlos" anhängen, ist es meiner Meinung nach wichtig zu verstehen, dass weitaus die Mehrzahl der Verhaltensweisen, die domestizierte Pferde Menschen gegenüber zeigen – ob gut, schlecht oder gleichgültig –, ihnen in irgendeiner Art und Weise von Menschen beigebracht wurden.

Für viele Menschen ist das eine Pille, die schwer zu schlucken ist. Es ist auch irgendwie lustig, denn wenn wir einem Pferd absichtlich etwas beibringen, was es tun oder wissen soll, und damit Erfolg haben, klopfen wir uns selbst auf die Schulter und denken, das haben wir gut gemacht. Wenn wir einem Pferd aber *unabsichtlich* ein Verhalten beigebracht haben, das wir *nicht* gewollt haben (und unerwünschtes Verhalten wird fast immer unabsichtlich erzielt), geben wir dem Pferd die Schuld, dass es dieses Verhalten gelernt hat, und nennen es respektlos. Ich weiß nicht – mir scheint, wir können nicht beides haben.

Interessanterweise läuft dies alles meistens auf *Achtsamkeit* hinaus. Je bewusster wir darauf achten, was das Pferd bezüglich dessen, wie es zu uns steht, anbietet oder tut, desto einfacher ist es, ihm verständlich zu machen, wo es an unsere Grenzen stößt – natürlich immer unter der Voraussetzung, dass solche Grenzen existieren. Wenn wir besser auf das reagieren, was das Pferd anbietet, können wir unerwünschtes Verhalten schneller erkennen und umdirigieren zu etwas, was für uns und das Pferd bekömmlicher ist.

Es ist schon einmal weniger aufwendig, ein Verhalten umzulenken, solange es noch nicht über das Stadium des Gedankens hinaus ist. Hat sich der Gedanke schon zu einer Handlung entwickelt, wird es immer schwieriger und erfordert viel mehr Energie, die Handlung umzulenken. Wenn wir immer daran denken, dass Training hauptsächlich darauf beruht, ein erwünschtes Verhalten zu beeinflussen oder als Grundlage für den weiteren Aufbau zu benutzen oder unerwünschtes Verhalten so umzulenken, dass es sich in erwünschtes verwandelt, wird klar, dass unser Erfolg in hohem Maße von unserer sehr bewussten Wahrnehmung, nämlich unserer Achtsamkeit abhängt.

❖

Erst als ich meinen alten Buck endgültig als Kurspferd verabschieden wollte, ging mir auf, dass ich keinen richtigen Ersatz für ihn hatte. Im Vorjahr hatte ich die meisten meiner Reitpferde verkauft; geblieben waren mir eine Handvoll Jährlinge, drei gute Zuchtstuten und unser Hengst Snoopy, der damals siebenundzwanzig war. Im Gegensatz zu vielen anderen Hengsten vertrug Snoopy sich problemlos mit anderen Pferden, sodass ich ihn gut bei den Kursen hätte einsetzen können – wäre er nur zehn Jahre jünger gewesen. So aber konnte ich ihm in seinem Alter unmöglich die Strapazen des ständigen Unterwegsseins zumuten. Infolgedessen begann ich etwa im Oktober, mich nach einem Pferd umzusehen, das im nächsten Jahr Bucks Platz einnehmen könnte: Zum Glück musste ich nicht weit suchen.

Shawn und Beth Anne, Freunde in Kalifornien, hatten einen Quarter Horse-Wallach zu verkaufen. Eingetragen war er als *Bearded Seal*, was „Bartrobbe" bedeutet, aber irgendwann hatte ihm irgendwer den Stallnamen Mouse verpasst, höchstwahrscheinlich wegen seiner Farbe: mausgrau mit schwarzen Zebrastreifen an den Beinen und einem schwarzen Aalstrich auf dem Rücken, mit schwarzer Mähne, schwarzem Schweif und schwarzen Ohrenspitzen.

Mouse war damals siebzehn, ungefähr zwölf Jahre älter als mein Ideal. Shawn und Beth Anne hatten ihn nicht sehr lange gehabt, nur etwa eineinhalb Jahre, und Shawn hatte ihn hauptsächlich für *Roping* eingesetzt.

Gelegentlich hatte mir Shawn schon etwas von der Vorgeschichte des Pferdes erzählt. Geboren war Mouse in Oklahoma und war die meiste Zeit Ranchpferd gewesen. Offenbar hatte er öfter den Besitzer gewechselt und war von Oklahoma nach Montana, zurück nach Oklahoma, dann nach Kalifornien, hinunter nach Neumexiko und wieder zurück nach Kalifornien gegangen, wo er schließlich bei Shawn gelandet war.

Allem Anschein nach hatte Mouse kein leichtes Leben gehabt. Auf der rechten Halsseite hatte er einen tellergroßen Fleck Narbengewebe unter der Haut, und die Fesselbeugen wiesen Narben wie von Fußfesseln auf. Wenn er gähnte, konnte man eine große Narbe quer über die Zunge sehen; anscheinend hatte ihm ein scharfes Gebiss fast die Zunge durchgeschnitten. Ein kleines Stück Zunge fehlte überhaupt. Mouse war teilnahmslos und defensiv, konnte sehr schreckhaft sein und war im Umgang mit Menschen nicht unbedingt zuverlässig. Aber irgendetwas hatte er, was mich interessierte. Und im Endeffekt kaufte ich ihn.

Anfangs stand unser Zusammenleben auf ziemlich wackligen Füßen. Mouse ließ sich kaum einfangen, stellte sich beim Satteln fürchterlich an und schien, wie eine meiner Schülerinnen später sagte, ständig zu summen wie eine dieser Hochspannungsleitungen, unter denen man besser nicht leben sollte.

Auch die Arbeit mit Mouse erwies sich, besonders bei Kursen, als kleine Herausforderung. Ständig war er umgeben von Menschen, die er nicht kannte, an Orten, die ihm nicht vertraut waren – beides Dinge, die ihm anscheinend ziemliche Angst einjagten. Machte jemand, den er nicht kannte, den Fehler, ihn anfassen oder streicheln zu wollen – besonders wenn er angebunden war –, geriet er sofort in Panik und warf sich explosionsartig nach hinten, wobei er heftig mit dem Kopf schlug und Geräusche von sich gab, als sei er am Ersticken. Jede arme Seele, die während einer dieser Episoden zufällig hinter ihm vorbeikam, wurde entweder umgestoßen oder musste um ihr Leben rennen. Damals nahm ich so manche tief empfundene Entschuldigung von Leuten an, die auf die harte Tour lernten, dass man das Pferd eines Cowboys nicht ungefragt anfassen sollte.

Wenn er sich erschreckte, war sein Bedürfnis nach Selbstschutz fast immer stärker als seine Fähigkeit, sich von Menschen fernzuhalten, die sich zufällig in seiner Nähe befanden. Es war keine böse *Absicht*, dass er Menschen umrannte, wenn er Angst bekam. Es war mehr, als ob er zeitweilig blind würde und dann aus Versehen in Menschen hinein oder über sie wegrannte.

Ich habe Mouse nie für seine Unzuverlässigkeit bestraft. Stattdessen behandelte ich ihn wie jedes andere Pferd in meinem Stall. Wenn er beim Führen meine Armlängen-Distanz unterschritt, führte ich ihn entweder wieder hinaus, indem ich ihn mit dem Führstrick in aller Freundschaft rückwärts richtete oder indem ich, falls es etwas mit Panik zu tun hatte, einfach den Arm ausstreckte, damit er wusste, wo ich war. Anfangs rannte er bei solchen Gelegenheiten blindlings in meinen Arm hinein, was damit endete, dass ich ihn nachdrücklich von mir wegschickte. Aber mit der Zeit schaute er, wenn er scheute, tatsächlich erst, wo ich war, und sprang dann in die andere Richtung weg.

Manchmal bedeutet eine Grenze nicht mehr, als dass das Pferd immer weiß, wo Sie sich befinden. Sie sind einfach da, und das war es, worauf ich mich zu Anfang mit Mouse konzentrierte. Er kannte beim Führen eigentlich seine Grenzen sehr genau und respektierte sie auch – solange er sich nicht erschreckte. Abstand zu halten zu demjenigen, der gerade mit ihm umging, wenn er Angst bekam, war eine andere Sache gewesen. Auch wenn er jetzt zuerst nach mir schaute, bevor er scheute, hatte er immer noch Probleme, sich von anderen Leuten in der Nähe fernzuhalten. Infolgedessen verbrachte ich viel Zeit damit, ihn von anderen Leuten wegzudirigieren, wenn er in Panik geriet.

Auch nach zwei Jahren als Kurspferd war ich mir nicht wirklich sicher, ob Mouse sich jemals mit seiner Aufgabe würde anfreunden können. Oh, es hatte Augenblicke gegeben, wo er sich sichtlich Mühe gegeben hatte, nicht aus der Rolle zu fallen, aber immer noch konnte ich mich nicht völlig auf ihn verlassen. Dann passierte eines Tages etwas Interessantes. Am Ende eines langen Kurstages führte ich Mouse zwischen unserem Transporter und einem Zaun auf die Koppel, wo er momentan zu Hause war. Meine Assistentin Kathleen folgte mit ihrem eigenen Pferd. Wir unterhielten uns über dies und das, und ohne es zu merken, rückte Kathleen bis auf etwa einen Meter an die linke Hüfte von Mouse heran. Rechterhand war der Zaun, unter dem dichtes Unkraut wucherte.

Kurz bevor wir auf einen Kiesweg abwenden konnten, der zur Koppel führte, flitzte irgendein kleines Getier, Ratte, Maus oder sonst etwas, auf der anderen Seite aus dem Unkraut heraus. Na ja, das war genau das, womit Mouse die ganze Zeit zu kämpfen gehabt hatte, und wie aufs Stichwort bekam er eine seiner Panikattacken. Er sprang nach vorn, bremste kurz vor mir und sprang dann nach links in Richtung Kathleen. Ich war in keiner guten Position, um ihn von ihr wegzulenken, und musste damit rechnen, dass er höchstwahrscheinlich genau in sie hineinspringen würde. Aber zu unserer Überraschung bremste er auch kurz vor ihr abrupt ab. Er schnellte zurück in seine ursprüngliche Position, den Kopf hoch erhoben, die Augen weit aufgerissen. Zwei oder drei Mal schnarchte er in Richtung Zaun, zögerte einen Augenblick, senkte den Kopf, drehte sich dann um und sah mich an. Als sei nichts geschehen, atmete er tief aus, und wir setzten in aller Ruhe unseren Weg fort.

Von diesem Tag an bis zu seinem letzten Atemzug machte Mouse kein einziges Mal mehr auch nur Anstalten, jemanden umzurennen, und er scheute auch kaum noch. Seine Nervosität verschwand fast vollständig, und er wurde eines der zuverlässigsten Pferde, die wir hatten. Ich weiß nicht genau, was damals bei ihm einklickte, aber irgendetwas muss es gewesen sein.

Wenn ich raten sollte, würde ich sagen, es könnte etwas so Einfaches wie ein bisschen Führung gewesen sein, Führung, als er sie gerade brauchte. Vielleicht war es die Zeit, die wir ihm gelassen hatten, um ihm zu helfen, als er sich nicht selbst zu helfen wusste, oder dass wir ihm geholfen hatten zu verstehen, dass genau das, wovor er solche Angst hatte – verletzt oder getötet zu werden –, auch das war, wovor wir Angst hatten. Irgendwie verstand er, dass in dem Augenblick, als er scheute, weil er dachte, er müsse sich verteidigen, ich aus denselben Gründen Grenzen um mich und andere in der Nähe zog. Aber eigentlich ist es auch egal. Wichtig ist nur, dass ein Pferd, das jedem Tag voller Angst und Sorge entgegensah, sich nicht länger Sorgen machte.

„Ich weiß nicht mehr weiter." Die Stimme der Frau am anderen Ende der Leitung klang traurig. „Ein paar Tage sah alles ganz prima aus, aber jetzt ist es wieder wie am Anfang, eher noch schlimmer."

„Wirklich?", sagte ich und versuchte, meine Überraschung zu verbergen. „Das ist aber komisch."

„Gibt es eine Möglichkeit, dass Sie zurückkommen und noch einmal mit ihm arbeiten?", flehte sie. „Sicher mache ich irgendetwas falsch."

„Aber gern", sagte ich. „Wie wär's mit Freitagmorgen um zehn?"

Den Anruf dieser Frau als Überraschung zu bezeichnen wäre eine Untertreibung gewesen. In der Woche zuvor war ich bei ihr gewesen, weil sich ihr fünfzehnjähriger Morgan-Wallach, den sie erst seit einem halben Jahr hatte, schlecht einfangen ließ. Der Wallach, ein wunderbares kleines Pferd, ließ sich absolut problemlos einfangen – zumindest von mir. Bei seiner Besitzerin sah die Sache allerdings ganz anders aus.

Wir hatten damals fast eine Stunde zusammen gearbeitet, und ich verließ die beiden mit einem ziemlich guten Gefühl. Das Pferd ließ sich auch von ihr einfangen und schien sich dabei recht wohlzufühlen. Aber nun hatte sie gerade angerufen und gesagt, dass sie ihn wieder nicht einfangen konnte – dass er sie nicht einmal in seine Nähe kommen ließ und sie nicht mehr weiterwusste. Ich verstand es nicht.

Amy war eine sehr reservierte, eher zierliche Frau Mitte bis Ende dreißig, mit kurzem, dunklem Haar. Ihre Familie hatte Pferde besessen, seit sie ein Kind war, und ihr Mann hatte eine kleine Farm irgendwo im Osten gehabt. Sie war hierhergezogen, kurz nachdem ihr Mann bei einem Autounfall ums Leben gekommen war. Amy hatte Familie in der Umgebung, und ihre Verwandten hatten sie überredet, die Farm im Osten zu verkaufen und sich stattdessen hier, am Rande der Vororte, anzusiedeln, damit sie näher beieinander waren. Als sie vor sechs Monaten hierhergezogen war, hatte die kleine Farm noch weit weg von den Vororten gelegen. Jetzt nicht mehr.

Am Freitagvormittag parkte ich wie versprochen meinen Pickup vor ihrem Haus auf dem Drei-Acre-Grundstück, am Rand dessen, was innerhalb von Jahresfrist eine höchst betriebsame neue Siedlung im Süden von Denver sein würde. Ich hatte in irgendeiner Zeitschrift gelesen, dass um größere Städte herum Neubaugebiete von sieben- bis zehntausend Acres entstehen sollten, und so, wie es um das Haus meiner Klientin herum aussah, musste ich es wohl glauben.

Ich ging um das Haus herum und klopfte drei oder vier Mal an die Hintertür. Soweit ich sehen konnte, waren sämtliche Vorhänge und Rollos im Haus zugezogen, etwas, was mir schon letztes Mal aufgefallen war. Amy machte die Tür zuerst immer nur einen Spalt breit auf. Sie spähte dann aus dem Dunkel heraus, und erst wenn sie mich erkannte, öffnete sie wirklich die Tür.

„Morgen, Amy", sagte ich. „Wie geht's Ihnen?"

Sie griff nach einer leichten Jacke, die neben der Tür hing, und als sie herauskam, schlüpfte sie schnell hinein und zog den Reißverschluss hoch. So beschäftigt, wie sie damit war, hätte ich ihr unmöglich die Hand schütteln können, hätte ich dies je vorgehabt. Hatte ich aber nicht. Ich hatte bei meinem letzten Besuch schon gelernt, dass sie sich wohl nichts aus Händeschütteln machte.

Schon bei meinem ersten Besuch war mir aufgefallen, dass Amy anscheinend einen etwas größeren persönlichen Freiraum um sich herum brauchte als die meisten anderen Menschen. Für die meisten von uns genügt ein Abstand von einem halben bis zu einem knappen Meter zu unserem Nächsten. Amys „Blase" war eher über einen Meter bis zu eineinhalb Meter groß, und als sie mir jetzt rasch zum Paddock vorausging, die Schultern leicht zusammengezogen und die Arme fest um den Leib geschlungen, als sei es eisig kalt (was es jetzt, im Frühsommer, nicht war), legte sie mühelos die Grenze zwischen uns fest.

Der kleine Paddock maß nur etwa fünfundzwanzig Meter im Quadrat. In der Nordwest-Ecke stand ein kleiner rot-weißer Schuppen, der nach Osten hin offen war. Neben dem grünen Metalltor befand sich ein großer Wassertank. Der Zaun bestand aus drei Balkenreihen übereinander, an der Innenseite verstärkt durch einen Maschendraht. Der Pferch konnte höchstwahrscheinlich auch als großer Hundezwinger dienen, aber soweit ich wusste, hatte sie keinen Hund.

Wir gingen durch das Tor in den Paddock. Der Wallach stand allein in der Nähe des Schuppens und mampfte von dem Heubüschel, das Amy am Morgen für ihn ausgelegt hatte.

„Ich habe keine Ahnung, was mit ihm los ist", brach Amy das Schweigen. „Meine Nachbarin kann ihn einfangen, meine Schwester kann ihn einfangen, meine Mutter und mein Vater können ihn einfangen, sogar mein Bruder kann es, und der macht sich nicht mal was aus Pferden! Nur mich lässt er nicht mal in seine Nähe. Ich habe versucht, ihn mit Karotten und Hafer zu bestechen, aber das funktioniert auch nicht."

„Schön", sagte ich. „Dann wollen wir mal sehen." Ich ging zu dem Wallach hinüber, und als ich noch ca. sieben Meter von ihm entfernt war, hob er langsam den Kopf aus dem Heu und sah mich mit gespitzten Ohren an. Immer noch kauend, drehte er sich um und kam auf mich zu.

„Sehen Sie?" Amy hob die Hand und zeigte in unsere Richtung. „Zu Ihnen kommt er von allein."

Ich streichelte dem Pferd den Kopf und ging zu Amy zurück. Das Pferd folgte mir ein Stück, blieb dann stehen und schaute Amy mit gespitzten Ohren aufmerksam an. „Versuchen Sie es doch einfach noch mal", sagte ich und zeigte auf das Pferd.

„Okay." Es klang alles andere als zuversichtlich. „Aber er wird nicht stehen bleiben."

Sie hatte Recht. Kaum hatte sie sich in seine Richtung in Bewegung gesetzt, als der Wallach sich umdrehte und zu seinem Heu zurückkehrte. „Sehen Sie?" Sie wendete sich mir zu und sah mich an.

„Machen Sie weiter", wies ich sie an. „Versuchen Sie es noch mal. Wir müssen sehen, was passiert."

Amy setzte sich wieder in Bewegung, und das Pferd ging mitten durch seinen Heuhaufen hindurch, wendete sich nach rechts und ging am Zaun entlang, von ihr weg. Sie ging weiter, das Pferd auch.

„Okay", sagte ich. „Kommen Sie zurück."

Sie kam zu mir zurück, und der Wallach ging wieder zu seinem Heu, fraß aber nicht. Er drehte sich nur um und sah uns an. Amy blieb etwa eineinhalb Meter vor mir stehen und kreuzte wieder die Arme vor der Brust. Sie sagte nichts, schaute mir nur gerade in die Augen. Sie sah so traurig aus, dass ich richtig erschüttert war. Obwohl ich hier in der warmen Morgensonne stand, fröstelte mich plötzlich.

Genau in diesem Augenblick wurde mir das Problem zwischen Amy und ihrem Pferd schmerzlich bewusst. Wie sie dastand und mich ansah, war sie die Verkörperung von Niederlage und Hoffnungslosigkeit – die Art, wie sie sich bewegte, wie sie sprach, wie sie sich hielt, ihr Gesicht, ihr Blick, einfach alles. Einen Hauch davon hatte ich schon bei meinem letzten Besuch verspürt, aber damals hatte ich gedacht, sie sei einfach besorgt oder nervös wegen der Probleme mit ihrem Pferd. Das dachte ich jetzt nicht mehr, nicht nach diesem Blick. Das war anders – ganz anders. Was von ihr jetzt ausging, war geradezu greifbar, und wenn ich es spüren konnte, gab es auf Gottes ganzer grüner Erde keinen Grund, warum ihr Pferd das nicht ebenfalls spüren sollte. Und nicht nur das. Ich dachte, ihm war so unwohl dabei, dass er Amy einfach nicht in seiner Nähe haben konnte.

„Amy", sagte ich nach ein paar Sekunden beklommenen Schweigens. „Ich glaube nicht, dass dies ein Trainingsproblem ist."

Ein paar Augenblicke stand sie nur da. Tränen stiegen ihr in die Augen. Dann begann sie zu weinen, still zuerst, aber bald wurde ein herzzerreißendes Schluchzen daraus. Mit einer Hand nahm sie die Brille ab, legte dann den Kopf in die Hände und weinte, wie ich noch keinen Menschen habe weinen sehen. Ein paar Sekunden (die mir vorkamen wie Jahre) stand ich hilflos da und hatte nicht die leiseste Ahnung, was ich tun sollte. Dann, auf die Gefahr hin, in ihre „Blase" einzudringen, ging ich zu ihr hinüber, nahm sie vorsichtig beim Arm, führte sie zum Wassertank und half ihr, sich auf den Rand zu setzen. Das Schluchzen wurde heftiger.

Beinahe hätte ich sie gefragt, ob sie okay war, aber das kam mir dann doch ein bisschen dämlich vor. „Amy", sagte ich, unsicher, ob sie mich überhaupt hören würde. „Soll ich jemanden rufen?"

Keine Antwort, nur dieses Schluchzen. Ich kniete mich nieder, um ihr ins Gesicht sehen zu können, das sie mit den Händen bedeckt im Schoß vergraben hatte.

„Ich bleibe bei Ihnen", versicherte ich. „Sagen Sie mir, was ich tun kann." Ich hatte nicht den Schimmer einer Idee. Mir blieb nur, hilflos zuzusehen, wie sie in einen See von Tränen zerfloss. Ich stand auf und sah hinüber zum Haus der Nachbarin. Vielleicht würde von hier Hilfe kommen.

Aus dem Augenwinkel sah ich plötzlich den Wallach, der langsam auf uns zukam, immer nur ein paar Schritte auf ein Mal. Zwei, drei Schritte, dann senkte er den Kopf und sah direkt auf Amy, mit gespitzten Ohren. Ein oder zwei Sekunden Stillstand, dann wieder ein paar Schritte. Bald stand er neben mir, sah aber auf Amy. Ohne mich auch nur zur Kenntnis zu nehmen, ging er an mir vorbei und hin zu Amy. Einen Augenblick blieb er stehen und horchte auf ihr Schluchzen, dann seufzte er leise und senkte die Nase auf ihr Haar, das sich in seinem Atem leicht bewegte. Noch einmal seufzte er tief.

Immer noch schluchzend und ohne aufzusehen, hob Amy die linke Hand und legte sie an der linken Nasenseite des Wallachs an. So blieben sie lange Zeit, ohne sich zu bewegen.

Plötzlich fühlte ich mich als Eindringling. Ich drehte mich um, ging durchs Tor und ließ die beiden im Paddock allein.

Danach hörte ich lange nichts mehr von Amy. Dann, während eines Kurses, den ich Jahre später in Santa Fe, Neumexiko, gab, stand sie plötzlich da. Ich erkannte sie nicht gleich, weil sie sich so verändert hatte, und mir fiel ihr Name nicht ein. Aber sie kam mir irgendwie bekannt vor, keine Frage. Amy sah gut aus. Gesund war der richtige Ausdruck. Sie war Arm in Arm mit einem sympathisch aussehenden Cowboy, und die beiden wirkten glücklich.

Den ganzen Morgen rätselte ich, wer sie war, kam aber nicht darauf. In der Mittagspause kam sie her und stellte sich erneut vor. Von dem Tag im Paddock wurde sehr wenig gesprochen. Sie sagte, das Erlebnis habe ihr Leben verändert. Nach dem Tod ihres Mannes war sie in tiefe Depressionen verfallen und hatte sich ganz zurückgezogen. Dass ihr Pferd sich nur von ihr nicht einfangen ließ, brachte sie dazu, sich ihrem Leben zu stellen. Sie wusste, dass es mit ihren eigenen Gefühlen zu tun hatte, wenn der Wallach nichts mit ihr zu tun haben wollte. Sie wollte ja nicht einmal selbst etwas mit sich zu tun haben, wie sie sagte. Sie machte eine Psychotherapie und kehrte ihr Leben um, und je besser es ihr ging, je offener sie der Umwelt begegnete, desto einfacher wurde auch der Umgang mit dem Pferd.

Vor ein paar Jahren hatte sie wieder geheiratet, und sie und ihr jetziger Ehemann, der Mann, der sie begleitete, hatten immer noch den Morgan-Wallach, der jetzt schon Ende zwanzig war und auf ihrer Ranch hier in Neumexiko das Gnadenbrot bekam. Wir unterhielten uns noch eine Weile, dann gab sie mir die Hand, etwas, was ihr das letzte Mal, als ich sie gesehen hatte, absolut unmöglich gewesen wäre, und mitten im Händeschütteln breitete sie plötzlich die Arme aus und drückte mich kurz, aber herzlich.

„Wir können leider nicht bleiben", sagte sie und trat etwas zurück. „Arbeit und so, Sie wissen schon. Aber ich wollte wenigstens vorbeikommen und mich bei Ihnen für Ihre Hilfe bedanken."

„Ich hab' wirklich nicht viel gemacht", sagte ich ganz ehrlich.

„Trotzdem vielen Dank", lächelte sie.

Wenn es um das Festlegen von Grenzen geht, denken wir meistens hauptsächlich daran, das Pferd so ausgeglichen zu machen, dass es nicht dauernd das Gefühl hat, uns auf den Schoß springen zu müssen. Manchmal geht es aber auch darum, Grenzen um uns so weit zu öffnen, dass das Pferd weiß, es darf uns nahe sein, wir haben nichts dagegen.

Trauma-Energie Verbrauchen

Ich weiß nicht genau, wie lange ich schon gearbeitet hatte. Zwei Stunden, vielleicht drei, es war schwer zu sagen. Genau wusste ich nur, dass ich schon sehr lange draußen war. Angefangen hatte es noch ganz unschuldig, als der alte Mann mich am Morgen fragte, ob ich ein gebrochenes Brett draußen an der Futterkrippe reparieren könnte. Die Futterkrippe war ein schweres hölzernes Trumm, das ein bisschen aussah wie ein Sarg in Übergröße. Sie stand mitten im Paddock und bestand aus rohen Holzbrettern, wie sie bei dem alten Mann überall herumlagen und von denen er ein paar zu einem Rechteck zusammengenagelt hatte, das zwei Meter vierzig lang und ca. einen Meter breit und einen Meter hoch war.

Wenn ich sage, die Krippe war zwei Meter vierzig lang, ist das nicht ganz genau. Sie war eher zwei Meter und fünfzig lang, auf der Innenseite gemessen. Alle Zwei-Meter-vierzig-Bretter, die ich gefunden hatte und mit denen ich das gebrochene Brett – das obere auf der Scheunenseite der Krippe – ersetzen wollte, waren etwa zehn Zentimeter zu kurz. Drei Mal hatte ich es versucht und erst eines der schweren Bretter aus dem Holzhaufen zweihundert Meter weit zur Krippe geschleift, dann ein anderes und dann noch eines, bevor ich es merkte.

Als mir aufging, dass die meisten Bretter auf dem Haufen nicht nur ziemlich genau gleich lang waren, sondern auch zu kurz, hörte ich damit auf. Stattdessen zog ich Bretter aus dem Haufen und legte sie neben die drei, die als mögliche

Kandidaten bereits ausgeschieden waren. War das Brett genauso lang oder kürzer, ließ ich es daneben liegen. War es länger, legte ich es beiseite. Nachdem ich praktisch den ganzen Holzhaufen geprüft hatte, blieben ganze fünf Bretter als möglicherweise lang genug übrig. Zwei davon waren allerdings verbogen und verworfen, wurden also ebenfalls ausgesondert und zum großen Haufen der anderen gelegt.

Eines der längeren Bretter hatte ich zur Futterkrippe geschleift und in Ermangelung eines Maßbandes (das ich mit elf sowieso nicht richtig hätte benutzen können) neben das gebrochene gelegt, das ich bereits herausgestemmt und neben die Krippe auf den Boden gelegt hatte. Die geborstenen Enden legte ich so gut wie möglich wieder aneinander, damit es mehr oder weniger wieder die korrekte Länge hatte, die ich brauchte. Dann kratzte ich mit einem Nagel eine Markierung in das neue Brett: So lang war das alte.

Ich lehnte das neue Brett gegen die Krippe, nahm die Handsäge, die mir der alte Mann zu diesem Zweck gegeben hatte, und sägte das Brett sorgfältig an der Markierung ab. Da ich auch keine Erfahrung mit Handsägen hatte, brauchte ich dafür schon fast eine halbe Stunde. Als ich endlich fertig war, legte ich das neue Brett auf die Krippe und wollte es annageln – aber ich hatte es zu kurz geschnitten.

Also zurück zum Holzhaufen und Neustart mit einem neuen Brett. Zum Glück hatte ich drei längere Bretter gefunden, als ich den Haufen durchsucht hatte, denn ich brauchte alle drei, bevor ich das richtige Maß traf und anfangen konnte zu nageln.

Das Brett, das endlich die richtige Länge hatte, auch anzunageln erwies sich als weitere Herausforderung. Schnell fand ich heraus, dass ich zwar das neue Brett auf das darunterliegende setzen konnte, wo es dann gefährlich herumbalancierte. Beim ersten Hammerschlag aber hüpfte das Brett in die Luft und landete auf meinem Knie (erster Versuch), auf meinem Fuß (zweiter Versuch) oder schrammte mir den Oberschenkel auf (dritter Versuch). Daraufhin beschloss ich, das Brett auf den Boden zu legen und die Nägel ungefähr dort einzuschlagen, wo sie auf die senkrechten Pfähle an der Krippe treffen sollten, und es dann noch einmal zu versuchen. Ich schlug die Nägel an beiden Enden fast ganz durchs Brett, sodass die Chance bestand, dass der eine Nagel beim ersten Schlag so weit fassen würde, dass das Brett am Platz blieb, bis ich das andere Ende annageln konnte.

Es funktionierte. Ich setzte das neue Brett an die Stelle des alten und schlug mit dem Hammer auf einen der Nägel. Sehr zu meiner Überraschung drang er in den senkrechten Pfahl ein und hielt das Brett am Platz. Vorsichtshalber schlug ich noch einmal zu und ging dann zum anderen Ende, das noch lose war. Ich zielte sorgfältig und schlug kräftig auf einen der Nägel.

Das Problem damit, wie ich damals Nägel einschlug, bestand darin, dass ich nicht wusste, wie man einen Hammer richtig benützt. Ich wusste nicht, dass man einen Nagel am effektivsten einschlägt, wenn man den Hammergriff am Ende packt und den Hammer die Arbeit tun lässt. Stattdessen packte ich den Griff weiter unten, näher am Hammerkopf, wodurch der Schlag weniger effektiv wurde, von der Genauigkeit ganz zu schweigen.

Mit der linken Hand hielt ich das Brett in meiner Meinung nach sicherer Distanz vom Nagel fest und schwang mit der rechten den Hammer. Der Hammerkopf glitt vom Nagel ab, der Nagel verbog sich, und der Hammerkopf landete platt auf meinem linken Daumen. Für den Bruchteil einer Sekunde war es, als sei nichts passiert. Kein Schmerz, kein Blut – nichts. Aber dann, einen *halben Bruchteil später*, tanzte ich mit hoch gehaltenem Daumen herum und kreischte wie ein Mädchen. Ohne es auch nur zu merken, rannte ich mehrmals um die Krippe herum. Schließlich, als der Schmerz etwas nachließ, wurde ich langsamer und hörte auf zu brüllen. Endlich blieb ich stehen und schüttelte abwechselnd meine Hand, starrte auf meinen Daumen und fluchte halblaut vor mich hin.

Der alte Mann kam aus dem Stall heraus, um nachzusehen, was der ganze Tumult sollte. Als er sah, dass ich mir nur mit dem Hammer auf den Daumen gehauen hatte, zuckte er die Schultern und sagte: „Wird nicht das letzte Mal gewesen sein, wenn du nicht lernst, den Hammer anders anzupacken." Natürlich gab er mir nicht etwa einen Rat, *wie* anders ich ihn anpacken sollte. Nur *dass* ich vielleicht sollte.

„Wenn du dieses Brett noch vor dem Dunkelwerden eingesetzt hast", sagte er halb im Scherz, halb im Ernst, „dann hol die neue Stute aus dem Stall und bring sie auf die Weide."

„Die neue Stute?", fragte ich leicht überrascht.

„Jep", sagte er, zündete sich eine filterlose Camel an und ging zum Stall zurück. „Bring sie auf die Koppel."

Es erschien mir keine so gute Idee. In meinen Augen war diese Stute schlicht verrückt. Ich dachte, wenn wir sie auf der Koppel freiließen, würde sie sich nie wieder einfangen lassen. Schließlich hatte sie seit ihrer Ankunft vor drei Tagen nichts anderes gemacht, als nervös die Holzbalken an ihrem Paddock zu benagen – die ich, wenn sie nicht damit aufhörte, ebenfalls würde ersetzen müssen, und wie lange das dauern würde, wusste der Himmel –, hektisch auf der Innenseite des Zauns entlangzulaufen, der nur drei auf sieben Meter maß, oder einfach dazustehen und zu zittern wie Espenlaub. Nicht um alles in der Welt konnte ich mir vorstellen, warum der alte Mann sie überhaupt gekauft hatte. Besonders hübsch war sie auch nicht – einfach eine kleine Fuchsstute ohne Abzeichen, nicht besonders groß, vielleicht 1,45 Stock, und um die 800 Pfund schwer. Aber da stand sie in ihrem Paddock, total plemplem, und wäre ganz offensichtlich überall lieber gewesen als hier.

Auch mit elf Jahren kam es mir sicher nicht zu, dem alten Mann sein Geschäft zu erklären, und wenn er die ihm noch verbleibenden Jahre seines Lebens damit verbringen wollte, hinter dieser Stute herzulaufen, wenn ich sie einmal losgelassen hatte, war das vermutlich einzig und allein sein Bier. Wer war ich schon? Schließlich konnte ich nicht mal ein Brett an der Futterkrippe ersetzen, ohne mich halb umzubringen.

Ungefähr eine halbe Stunde später hatte ich das Brett endlich festgenagelt und brachte das Werkzeug zurück in den kleinen Schuppen hinterm Stall. Ich ging zum Paddock und fing die Stute ohne allzu viel Mühe ein. Als ich hineinging, zeigte sie zwar mehr als deutlich, dass sie keine Lust hatte, sich von mir fangen zu lassen, und schoss einige Male vor mir davon, aber da der Paddock nicht viel Raum bot, gab sie schließlich auf und ließ sich aufhalftern.

Die Stute folgte mir zur Koppel ohne größeres Theater. Nur ab und zu blieb sie stehen, schaute um sich und wieherte laut. Als ich zu der zwanzigtausend Quadratmeter großen leeren Koppel an der Südseite kam, führte ich sie durchs Tor und ließ sie los. Sie wartete keinen Augenblick: Kaum hatte ich das Halfter abgestreift, als sie auch schon losschoss, was ihre Beine hergaben. Es war, zugegeben, spektakulär, wie sie da zuerst in die südöstliche Ecke raste, ohne abzubremsen umdrehte und zurück in die nordwestliche Ecke galoppierte.

Was mir wirklich auffiel, war ihr raumgreifender Galopp, erstaunlich für ein so kleines Pferd, und wie flüssig und schnell sie galoppierte. Ihre Hufe schienen kaum den Boden zu berühren, während sie im vollen Galopp die Koppel durchmaß, nicht ein Mal, sondern viele Male, und zwar innerhalb von Sekunden. Ich musste zugeben, für ein verrücktes Pferd war sie eine Schau. Etwa fünf Minuten stand ich außerhalb der Koppel und sah ihr zu, dann beschloss ich, wieder an die Arbeit zu gehen.

Als ich ungefähr eine Stunde später nach Hause fuhr, rannte die Stute immer noch auf und ab, wenn auch nicht mehr ganz so schnell. Heute würde der alte Mann sie wohl nicht mehr einfangen, dachte ich. Und damit hatte ich vermutlich Recht, denn als ich am nächsten Morgen wieder auftauchte, war die Stute immer noch allein auf ihrer Koppel, wo ich sie gestern zurückgelassen hatte. Der einzige Unterschied zum vorigen Tag war, dass sie nicht mehr rannte. Sie stand ruhig am Tor, den Kopf gesenkt, die Augen geschlossen, und genoss die warme Morgensonne.

Ich ging an meine Arbeit und dachte kaum noch an die kleine Stute, bis der alte Mann mich am Nachmittag beauftragte, zur Koppel zu gehen, sie einzufangen und in ihren Paddock zurückzubringen. Ich war mir so sicher wie nur etwas, dass ich den Rest des Tages und wahrscheinlich auch noch den nächsten damit verbringen würde, das verrückte kleine Ding einzufangen. Zu meiner Überraschung stand sie aber immer noch friedlich am Tor, als ob sie auf mich gewartet hätte.

Ich ging durch das alte Holztor und auf sie zu. Die Stute rührte keinen Muskel, drehte nur den Kopf und schaute gelangweilt in meine Richtung. Ich ging zu ihr hin und wartete darauf, dass sie wie gehabt losgaloppieren würde. Ich hielt ihr das Halfter genau vor den Kopf, und zu meinem Ärger steckte sie ruhig die Nase hinein.

Als ich sie zu ihrem Paddock zurückführte und dort freiließ, ging sie einfach hinüber zur Futterkrippe und widmete sich dem Heu, das ich vorher schon hineingelegt hatte. Ich stand da und versuchte, die Verwandlung der Stute zu begreifen, als der alte Mann herankam, die Zigarette zwischen den nikotingelben Fingern. „Manchmal", sagte er und zog an seiner Zigarette, „muss ein Pferd sich einfach mal auslaufen können, um sich wohlzufühlen." Damit drehte er sich um und ging davon.

Damals dachte ich über das, was er da am Paddock gesagt hatte, nicht übermäßig viel nach. Tatsächlich dauerte es Jahre, bis ich begriff, was in dieser einfachen Erklärung alles inbegriffen war.

Wie viele Leute hatte ich gehört, dass es bei der Arbeit mit Pferden darauf ankam, „das Falsche schwierig und das Richtige leicht zu machen". Das bedeutet, dass wir es einem Pferd, das etwas falsch macht, einfach schwerer machen, es weiterhin falsch zu machen.

Lässt sich zum Beispiel ein Pferd im Round Pen nicht einfangen, scheuchen wir es umso mehr herum. Die Idee dahinter lautet, dass das Pferd mit der Zeit schon begreifen wird, dass seine Idee – wegzurennen – sehr viel mühsamer zu realisieren ist als unsere, das heißt still zu stehen. Also wird das Falsche schwierig und das Richtige leicht.

Als ich dieses Prinzip zum ersten Mal hörte, fand ich es sehr einleuchtend und wendete es selbst einige Zeit an. Manchmal tue ich das sogar heute noch. Im Laufe der Jahre habe ich jedoch festgestellt, dass dieses „das Falsche schwer und das Richtige leicht machen" bei manchen Pferden im Training und für die Kommunikation nicht nur hinderlich, sondern auf lange Sicht sogar äußerst schädlich sein kann. Das liegt, glaube ich, an dem, was der alte Mann vor so vielen Jahren gesagt hat: „Manchmal muss ein Pferd sich einfach mal auslaufen, um sich wohlzufühlen."

Der Tag war sehr glatt verlaufen. Ich hatte vor der Mittagspause mit vier Pferden und Reitern arbeiten können, was ein wenig ungewöhnlich war. Normalerweise schaffe ich während meiner Kurse drei Reiter-/Pferdepaare am Morgen und vier am Nachmittag, also sieben Teilnehmer am Tag. Vorgesehen ist immer eine Stunde pro Pferd und Reiter, aber meist muss ich pro Paar eine halbe Stunde zugeben, manchmal mehr.

An diesem Tag hatte es keine Probleme gegeben, ich war leicht im Zeitplan geblieben. Um zwölf Uhr machten wir Mittagspause, um ein Uhr ging es wieder weiter. Dann brachte eine Frau einen sehr unruhigen Fuchswallach mit einer großen Blesse und drei weiß gefesselten Beinen (an beiden Hinterbeinen und vorne rechts). Als ich fragte, an was sie arbeiten wolle, antwortete sie, er ließe sich schlecht einfangen.

Ich sagte ihr, sie solle ihn in den Round Pen bringen und frei laufen lassen. „Ihn laufen lassen?" Ihre Stimme klang leise warnend. „Sind Sie sicher? Dieser Round Pen ist ganz schön groß."

„Das ist schon okay", versicherte ich. „Es wird alles gut gehen."

Eine Sekunde zögerte sie, dann ging sie in den Round Pen hinein. Kaum jenseits des Tores drehte sie sich um und sah mich an: „Mit Halfter oder ohne?", fragte sie. Ihrer Stimme nach war sie wohl mehr für „mit".

„Ohne", nickte ich.

„Okay ..." Sie widersprach nicht, aber es war klar, dass sie es für einen großen Fehler hielt.

Sie nahm das Halfter ab, und der Wallach preschte sofort los. Am anderen Ende des Round Pen schnoberte er ein bisschen am Boden herum, wieherte ein paar Mal und ging dann in einen eindrucksvollen Imponiertrab über, Kopf und Schweif hoch erhoben und laut schnarchend.

Die Frau erklärte, sie habe das Pferd vor etwa einem Jahr aus miserablen Verhältnissen „gerettet". Das ganze Jahr über hatte sie ihn nur einfangen können, wenn sie ihn zuerst in einen kleinen Paddock im Hof trieb und ihn dort einschloss. Selbst dann dauerte es manchmal noch eine halbe Stunde oder mehr, bis sie ihn aufhalftern konnte.

Noch einer, der sich nicht einfangen lässt, dachte ich. *Das*

„Statt wegzulaufen, drehte er sich nur mir zu und sah mich an."

sollte nicht allzu lang dauern. Damals hatte ich schon mit einer Menge Pferden gearbeitet, die sich angeblich schwer einfangen ließen, und mit recht gutem Erfolg die „das Falsche schwierig, das Richtige leicht"-Methode angewandt. Es gab keinen Grund, warum es bei diesem Pferd anders sein sollte. Dann ging ich in den Round Pen hinein.

Kaum war ich drinnen, als der Wallach losrannte, als gelte es das Leben. Er rannte halb um den Round Pen, aber da ich immer noch am Tor stand, wirbelte er kurz vor mir herum und galoppierte in die andere Richtung, bis er wieder bei mir anlangte, wieder kehrt machte und wieder in die andere Richtung rannte. Das machte er drei Mal und brauchte dafür nur Sekunden. Als ich mich nun gelassen zur Mitte bewegte, rannte er rund um den ganzen Round Pen.

„So macht er das immer", sagte die Frau, und in ihrer Stimme schwang ein „ich hab's ja gleich gesagt" mit.

Dieses Pferd noch anzutreiben, damit das Falsche schwierig wurde, wäre dumm gewesen. Es war ziemlich klar, dass das Falsche schon schwierig genug war. Leider traf das aber auch auf das Richtige zu. Als ich zusah, wie das Pferd Runde um Runde drehte, so schnell die Füße trugen, fiel mir plötzlich ein, was der alte Mann damals im Paddock gesagt hatte: „Manchmal muss ein Pferd sich einfach mal auslaufen, um sich wohlzufühlen."

Da mir sowieso nichts Besseres einfiel, um dem Pferd zu helfen, tat ich genau dies: Ich ließ ihn laufen. Er rannte etwa zehn oder fünfzehn Runden rechtsherum, bevor er umdrehte und in die andere Richtung lief. Nach weiteren zehn oder fünfzehn Runden in dieser Richtung drehte er erneut um. Nach mehreren solcher Handwechsel fiel er vom Renngalopp in einen langsameren Lope, dann in Trab und schließlich in Schritt. Nach wenigen Sekunden Schritt blieb er stehen und sah mich an.

Ich ließ ihn etwa eine Minute in Ruhe zu Atem kommen und ging dann langsam auf ihn zu. Sehr zu meiner Überraschung blieb er einfach stehen, den Kopf gesenkt, den Blick ganz entspannt. Ich streichelte ihm den Kopf und ging dann langsam in Richtung auf seine Hüfte, um zu sehen, was er tun würde. Ein Pferd, das sich wirklich nicht fangen lassen will, prescht normalerweise wieder los, wenn man seitlich von ihm steht, aber das tat dieser Bursche nicht. Stattdessen drehte er sich nur zu mir und sah mich an. Ich ging um seinen Kopf herum auf die andere Seite, und wieder folgte er mir.

„Er lässt mich wirklich gut aussehen", scherzte ich halb im Ernst. Schließlich hatte ich buchstäblich nichts weiter getan, als in der Mitte zu stehen und ihn rennen zu lassen.

Ich beschäftigte mich noch ein bisschen mit dem Wal-

lach, der nicht die geringsten Anstalten machte davonzu-
laufen. Dann bat ich die Besitzerin herein. Seine Reaktion
war dieselbe wie bei mir. Nicht nur das, sondern für den Rest
des Kurses und praktisch von da an immer ließ er sich ohne
Probleme einfangen und war leicht zu handhaben.

Nun denken vielleicht manche Leute, wenn sie so etwas
beobachten, ich hätte so etwas wie Zauberkräfte – wo doch
meine reine Gegenwart im Round Pen genügt hatte, um dieses wild gewordene Ross zu zähmen. In Wirklichkeit bin ich
einfach dagestanden und habe ihn rennen lassen. Was auch
immer er für Probleme hatte – er hatte sie allein gelöst, während er in Bewegung war, genau wie die kleine Stute damals
vor vielen Jahren bei dem alten Mann.

Dieses Pferd brachte mich wirklich ins Grübeln und
dazu, meine Arbeit im Round Pen zu überdenken. Bei Pferden, die sich angeblich schwer einfangen ließen, gab ich allmählich den Gedanken des „das Falsche schwierig machen"
auf und experimentierte damit, ihnen einfach zu erlauben,
sich nach eigenem Gutdünken zu bewegen, nicht mehr und
nicht weniger. Zu meiner großen Überraschung stellte sich
schnell heraus, dass manche Pferde zwar immer noch rannten, aber doch sehr viel weniger, als wenn ich sie auch noch
antrieb. Und nicht nur das: Manche Pferde rannten gar nicht
erst!

Ein paar Jahre später arbeitete ich gerade wieder einmal
im Round Pen mit einem Pferd, das sich schwer einfangen
ließ, und erklärte meinen Kursteilnehmern über das Mikro,
dass Pferde sich oft schon viel besser fühlten, wenn sie sich
einfach einmal auslaufen durften. Dieses Pferd, von dem hier
die Rede ist, war ein paar Runden im Round Pen gelaufen und
dann ein paar Mal von mir weggetrabt, bevor es anhielt, um

herauszufinden, was ich von ihm wollte. Von da an war der Einfang-Teil einfach.

In der Mittagspause kam ein Mann, der den ganzen Vormittag zugesehen hatte, zu mir und fragte nach ein wenig höflicher Konversation beiläufig, wo ich gelernt hätte, so gut mit traumatisierten Tieren umzugehen.

„Wie meinen Sie das?", fragte ich.

„Das Pferd, das Sie im Round Pen hatten", sagte er ganz sachlich. „Die meisten Leute bringen es nicht fertig, solche Tiere ihre Energie einfach verausgaben zu lassen, ohne sie noch zu verstärken." Er sei Psychologe, setzte er hinzu, und erforsche u. a. die Auswirkungen von Traumata auf Menschen und Tiere. Er erklärte, dass Tiere in Freiheit sehr wenig unter Traumata zu leiden hätten, im Gegensatz zu vielen domestizierten Tieren, besonders Menschen.

Ich lernte, dass sich bei einem Lebewesen, das irgendwie traumatisiert ist, die Energie des Traumas im Körper aufstaut. Wild lebende Tiere sind sehr gut darin, diese Trauma-Energie zu verbrauchen, oft nur durch Laufen oder zitternd auf der Stelle stehen. Bei einem Trauma durchläuft der Körper verschiedene Stadien. Im ersten Stadium, erklärte der Psychologe, bereitet sich der Körper darauf vor, entweder zu kämpfen oder zu fliehen. Dazu werden bestimmte chemische Stoffe sowie physiologische Veränderungen (z. B. Beschleunigung von Puls und Atmung) ausgelöst. Im zweiten Stadium tut der Körper das, was notwendig ist – er läuft davon oder kämpft. Das dritte Stadium ist die Erfahrung des Traumas, gefolgt vom vierten Stadium, wenn sich der Körper „entschleunigt" und seine Funktionen normalisiert.

Sind diese Stadien durchlaufen, können Wildtiere ihr Leben weiterführen, das Trauma hinterlässt wenig oder gar keine schädlichen Nebenwirkungen. Im Gegensatz dazu verbrauchen traumatisierte Menschen selten die Energie des Traumas, die sich dann im Körper aufspeichert. Mit der Zeit wird dies zu einem Thema für uns, entweder in Form einer seelischen Krankheit oder physischer Probleme wie Geschwüre oder vieler anderer mehr oder weniger schwerwiegender Probleme. Menschen verbrauchen die Energie des Traumas (ob eingebildet oder echt) nicht, weshalb wir uns ständig in einer geringgradigen Stufe von Panik befinden. Weil wir den natürlichen Fluss unterbrechen, den unser Körper durchlaufen müsste, um diese Trauma-Energie zu verbrauchen, neigen wir dazu, allem, was Stress auslöst, auch wenn es nur geringfügig ist, viel mehr Bedeutung zuzumessen, als es eigentlich verdient. Mit anderen Worten: Weil wir stets am Rande des Abgrunds leben, braucht es nicht viel, um uns hinunterzustoßen.

Was nun domestizierte Tiere – beispielsweise Pferde – betrifft, so erlauben wir ihnen, im Versuch, sie immer unter Kontrolle zu haben, selten bis nie, ihre Trauma-Energie zu verbrauchen, ob das Trauma nun von Menschen ausgelöst, real oder eingebildet ist. Infolgedessen zeigen sich bei ihnen oft dieselben emotionalen und physischen Probleme wie bei uns Menschen.

„Ich habe mir schon viele Kurse mit Pferden angesehen", sagte der Psychologe, „aber dies war der erste, bei der ein Pferd einfach laufen durfte, ohne gejagt zu werden." Wie er erklärte, verstärkt sich bei Pferden, die sich traumatisiert fühlen, durch das Antreiben das traumatische Gefühl nur noch weiter. Obwohl sie sich bewegen, verbrauchen sie dennoch nicht ihre Trauma-Energie. Die Folge ist, dass das Pferd zwar irgendwann aus schierer Erschöpfung anhält und sich einfangen lässt, sich deshalb aber emotional kein bisschen besser fühlt. Deshalb kommt das unerwünschte Verhalten auch zurück, manchmal schon am selben Tag.

Plötzlich ergab vieles, was ich im Laufe der Jahre bei Pferden gesehen hatte, einschließlich des Verhaltens der kleinen Stute damals beim alten Mann, eine Menge Sinn. Sie hatte bisher kein besonders schönes Leben gehabt, und als der alte Mann sie kaufte, stellte er sie wie die meisten seiner Neuzugänge erst einmal allein in einen Paddock. Sie hatte keine Gelegenheit gehabt, ihre Energie zu verbrauchen, bevor wir sie auf der Koppel freiließen und sie sich nach Herzenslust auslaufen konnte. Allein dies hatte anscheinend schon erheblich dazu beigetragen, dass es der kleinen Stute deutlich besser ging, und dies wiederum machte aus ihr ein sehr liebes, umgängliches Pferd, mit dem die Arbeit Spaß machte.

Normalerweise hätte die Fahrt mit dem Pferdetransporter zweieinhalb Tage gedauert. Aber nicht dieses Mal. Wir – meine Verlobte Crissi und ich – waren von den letzten achtundvierzig Stunden sechsunddreißig gefahren, nicht weil wir es wollten, sondern weil wir mussten. Es war Mitte Februar, und seit wir vor zwei Tagen von Colorado in Richtung Georgia gefahren waren, war uns ein Wintersturm nach dem anderen auf den Fersen gewesen. Wir konnten dem Wetter nur entkommen, wenn wir uns bewegten – und das taten wir denn auch. Als wir an unserem Zielort in der Nähe von Savannah ankamen, war es ein Uhr nachts. Der Veranstalter des Kurses kam heraus, als wir in den Hof fuhren, und schlug vor, die Pferde über Nacht in der Reitbahn zu lassen. Am Morgen, wenn es hell genug war, dass sie den Zaun sehen konnten, könnten wir sie dann auf die Koppel bringen, wo sie während des Kurses bleiben sollten. Todmüde von der Fahrerei waren wir einverstanden.

Nach ausgiebigem Schlaf holten Crissi und ich am Morgen unsere Pferde und führten sie von der Reitbahn zu der nahe gelegenen Weide, wo wir sie freilassen wollten. Beiden Pferden, Pi und Rocky, waren die Strapazen der Fahrt anzusehen. Beide waren müde und lustlos, als wir sie aufhalfterten und die vielleicht zweihundert Meter bis zur Koppel führten.

Am Koppeltor schnarchten die beiden müden Krieger plötzlich laut und sprangen nicht ein Mal, sondern mehrmals herum – was sie kaum je taten, auch wenn sie nicht so müde waren, und was äußerst ungewöhnlich für sie war, wenn sie wie jetzt wirklich müde waren! Die Weide war groß, ca. zwei Hektar, und von einem soliden Zaun umgeben. An der Oberkante des Zauns lief ein Elektrodraht entlang, der am Tor in die Erde ging, unter dem Eingang in der Erde verlief und auf der anderen Seite wieder am Torpfosten hinaufführte. Die letzten paar Tage hatte es heftig geregnet, am Vortag zwar aufgehört, der Boden war aber immer noch sehr feucht. Unbemerkt hatte der Strom unterirdisch zu einem Kurzschluss geführt. Für die Pferde war die elektrische Ladung durch das Gras fühlbar, für uns nicht.

Pi und ich waren schon halbwegs durchs Tor, bevor mir aufging, was los war. Die „Schock-Zone" schien ein Kreis von ca. drei Metern Durchmesser rund um das Tor zu sein. Crissi und Rocky folgen mir auf dem Fuße, aber ich sagte ihr, sie solle zurückbleiben und Rocky vom Tor wegführen. Mit Rocky auf einer Seite vom Tor und Pi auf der anderen hatte ich nur die eine Option, Pi durch die Schock-Zone hindurch zurück und dann beide Pferde in die Arena zu bringen, bis das Problem gelöst war. Unmöglich konnte ich Pi allein in der Koppel mit dem unter Strom stehenden Tordurchgang zurücklassen.

Ich versuchte, Pi so schnell wie möglich durch die Schock-Zone zu führen, aber er hüpfte und schnarchte trotzdem, als wir das Tor passierten. Wir führten die beiden Pferde zurück in die Reitbahn, und auf dem Weg dorthin fielen sie wieder in den lustlosen Zustand von vor dem Schock zurück. In der Reitbahn nahmen wir ihnen die Halfter ab. Beide Pferde standen ein paar Sekunden regungslos da, lange genug für Crissi und mich, um uns von ihnen weg in Richtung Eingang zu bewegen. Kaum hatten wir einen Sicherheitsabstand erreicht, als Pi und Rocky gleichzeitig explodierten, als hätte jemand einen Schalter umgelegt.

Sie quietschten und bockten, rannten dann von einem Ende der Bahn zum anderen und wieder zurück und buckelten wieder, und das etliche Male, bevor sie endlich langsamer wurden und in einen erst raumgreifenden und schließlich langsamen Trab und dann endgültig in Schritt fielen. Zum Schluss blieben beide stehen, ließen die Köpfe sinken und schliefen ein, als ob überhaupt nichts passiert wäre.

„Du denkst also, wenn Pferde in Freiheit ihre Trauma-Energie loswerden, sieht das so aus wie hier?", fragte Crissi und schaute mitfühlend auf unsere müden Rösser.

„Weiß ich nicht", war meine Antwort. „Aber ich denke, dass es hier danach aussah."

Es ist komisch, wie man manchmal Jahr um Jahr etwas ansehen kann, und das Bild ändert sich nie. Dann kommt aus heiterem Himmel eine neue Information dazu, und obwohl das Bild sich nicht verändert, sehen wir die Szene plötzlich in neuem Licht.

So war zum Beispiel früher für mich ein Pferd, das blindlings im Round Pen herumraste, ein Pferd, das sich nicht fangen lassen wollte. Deshalb nahm ich unbewusst eine Art gegnerische Haltung ein. Mit anderen Worten: Ich wollte ihn fangen, und er wollte sich nicht fangen lassen – eine „Er-gegen-mich"-Mentalität. Heute dagegen würde ich das herumrasende Pferd mit mehr Mitgefühl betrachten. Statt es so zu sehen, dass er sich nicht fangen lassen wollte, würde ich mich fragen, warum er überhaupt so herumrasen musste. Und das nur wegen einer etwas anderen Information, die mir zuvor nicht zugänglich gewesen war.

Ich muss mich fragen, wie viele Dinge, die wir mit Pferden – oder im Leben überhaupt – machen, in dieselbe Kategorie fallen. Heute wirkt ein Verhalten auf eine bestimmte Art und Weise auf uns, und wir reagieren entsprechend. Morgen jedoch, mit einem anderen Verständnis, sieht dasselbe Verhalten anders aus, und wir reagieren anders darauf.

Vielleicht wird es schlussendlich unser Mitgefühl für das Pferd sein, zusammen mit dem Bewusstsein, dass solche Unterschiede bestehen, was uns dazu bewegt, lange genug hinzusehen, um sie herauszufinden.

Teil 2:
Den Pferden Führung
geben

Verhalten ist
Information

Im Japanischen gibt es den Ausdruck *misu no kokoro*, was übersetzt etwa heißt: eine Geisteshaltung wie stilles Wasser. Das bedeutet: Wenn man auf einen stillen Teich oder sonstigen Wasserspiegel sieht, dessen Oberfläche nicht vom Wind geriffelt wird, wirkt diese Oberfläche wie ein Spiegel. Das andere Ufer spiegelt sich glasklar auf dieser Oberfläche. Man sieht Grashalme, Bäume und Büsche, vielleicht sogar einen Vogel, der daraus auffliegt.

Wenn jedoch irgendetwas das Wasser aufrührt, wenn wir zum Beispiel Steine hineinwerfen oder nur einen Finger hineinstecken, entstehen sofort kleine Wellen, und das Bild verzerrt sich. Natürlich kommt es zurück, wenn wir lange genug sitzen bleiben und keine Steine mehr hineinwerfen. Dann sehen wir die Dinge auf der anderen Seite wieder so, wie sie wirklich sind. Letztendlich geht es darum, Wellen gar nicht erst entstehen zu lassen.

In vielen Kampfsportarten besteht das Langzeit-Trainingsziel darin, *misu no kokoro* zu entwickeln – eine Geisteshaltung wie stilles Wasser. Ist der Geist still wie die Wasserfläche, spiegelt sich alles, was uns widerfährt, darin klar und wie in Wirklichkeit, nichts wird verzerrt. Und wenn wir ein wirklich klares Bild von einer Situation haben, können wir eine informierte und ruhige Entscheidung treffen, wie mit ihr umzugehen ist.

Ein Geist jedoch, der sich mit diesem und jenem beschäftigt oder Dinge zu beurteilen versucht, ist wie ein Wasser, in das man Steine geworfen hat – man sieht die Dinge verzerrt. So wird die Situation immer verzwickter und schwerer zu lösen, wenn überhaupt.

Einfach gesagt, bedeutet ein stiller Geist, dass wir Informationen klar und unverzerrt aufnehmen und verarbeiten und dann auf eine Weise reagieren können, die der Situation entspricht – falls diese überhaupt eine Reaktion erfordert.

„So ist er die ganze Zeit", sagte die Frau. Ihr Pferd warf sich nervös in eine Richtung, hielt an, wieherte laut und warf sich herum in die andere Richtung.

❖

„So ist er die ganze Zeit", sagte die Frau. Ihr Pferd warf sich nervös in eine Richtung, hielt an, wieherte laut und warf sich herum in die andere Richtung. Sie ritt das Pferd gut und ging geschmeidig mit, als er eine perfekte, wenn auch höchst dynamische Wendung auf der Hinterhand vollführte. Trotzdem war klar, dass sie sich mehr als nur ein bisschen Sorgen machte. „Auf einem fremden Platz ist es immer noch schlimmer."

Es war der erste Tag eines Drei-Tage-Kurses. Trotz des schönen Wetters arbeiteten wir in der großen Reithalle, weil der Außenplatz für eine Dressurprüfung gebraucht wurde. Was dieses Pferd anging, hatte ich nicht den Eindruck, dass ihm die Umgebung etwas ausmachte. Sein Tag hatte offensichtlich schon schlecht begonnen und wurde nur noch schlechter, und zwar schnell. Zu diesem Zeitpunkt war eines ganz klar: Es würde ihm so schnell nicht besser gehen, wenn wir nicht rasch etwas unternahmen.

„Schauen wir mal, ob wir ihn ein bisschen regulieren können", schlug ich vor.

Für den Anfang ließen wir Reiterin und Pferd auf dem Zirkel reiten, dann Schlangenlinien und Achter anlegen, in der Hoffnung, den Wallach etwas zu beruhigen und von seiner Rennerei abzubringen. Der positive Effekt war, dass nach etwa zwanzig Minuten die Arbeit etwas zu bringen schien. Das Schlechte daran war, dass es nicht viel war, was sie brachte. Das Pferd wieherte weiter dem anderen Pferd zu, mit dem Kathleen am anderen Ende beschäftigt war. Diesem galt seine ganze Konzentration.

„Jedes Mal, wenn wir in eine ähnliche Situation wie heute geraten", erklärte die Frau weiter, „macht er genau das. Er sieht ein anderes Pferd und dreht durch. Er kann sich dann anscheinend auf nichts anderes mehr konzentrieren."

„Was machen Sie dann normalerweise?", fragte ich, als die beiden an mir vorbeirauschten.

„Normalerweise gebe ich ihm Paraden, etwa so." Sie zog ein paar Mal kräftig die Zügel an und ließ sie dazwischen kurzzeitig wieder los. „Wenn das nichts bringt, wie heute, stoppe ich ihn mit einem Zügel." Zur Demonstration zog sie dem Pferd den Kopf scharf nach rechts, sodass die Hinterhand nach außen schwang, was den Wallach tatsächlich zum Stehen brachte. Solange sie seine Nase an ihrem Stiefelschaft festhielt, stand er still da, aber sobald sie losließ, streckte er sich gerade, warf den Kopf hoch und fing wieder an zu wiehern.

„Ich kann einfach nichts mit ihm anfangen, wenn er so ist", sagte die Frau und zog ihm den Kopf in die andere Richtung. „Ich habe alles versucht."

„Haben Sie versucht, zu dem Pferd, nach dem er ruft, hinüberzureiten?", fragte ich.

„Natürlich nicht", war die Antwort. „Wozu sollte das gut sein? Das ist so ziemlich das Einzige, was ich nie tue."

„Na gut", sagte ich achselzuckend. „Dann haben wir wohl doch noch nicht *alles* versucht."

„Na ja", protestierte sie, während sich der Wallach wieder einmal im Kreis drehte. „Aber wenn ich das mache, hat er gewonnen! Er kriegt seinen Willen!"

„Verstehe", nickte ich. „Aber dieses eine, was er möchte, ist das Einzige, was er nie bekommt, und deshalb hört er auch nicht auf, es sich zu wünschen. Weil er dieses eine nicht bekommt, kann er an nichts anderes mehr denken, und das kommt dann dabei heraus."

Das Pferd raste wieder im Kreis herum.

Ich schlug vor, sie solle so ruhig wie möglich zum anderen Ende der Bahn reiten, dort so lange halten, dass Kathleen Gelegenheit hatte, ihm den Kopf zu streicheln, ein oder zwei Minuten in der Nähe des anderen Pferdes bleiben und dann zurückkommen und sehen, ob es ihm dann besser ging. Das Gesicht, das die Reiterin machte, sagte mir überdeutlich, dass sie das für überhaupt keine gute Idee hielt. Sie zögerte sogar einige Sekunden und sah mich an, als sei sie nicht sicher, ob das mein Ernst gewesen war.

„Tun Sie mir den Gefallen", lächelte ich sie an. „Schließlich ist das Schlimmste, was passieren könnte – dass wir ihn noch weniger im Griff haben?"

Obwohl es ihr ganz offensichtlich nicht einleuchtete, wendete die Frau das Pferd und ritt im Schritt zum anderen Ende. Fast im selben Augenblick, als sie in diese Richtung anritt, wurde der Wallach ruhiger. Er marschierte in einem passablen Schritt die ganze Strecke bis zu Kathleen, wo die Frau ihn durchparierte, worauf er auch willig anhielt.

Sie waren zu weit weg, als dass ich hätte verstehen können, was die Frau zu Kathleen sagte, aber Kathleens Gesichtsausdruck nach musste es etwas Gutes gewesen sein. Kathleen sah zu mir, grinste, winkte und strich dem Pferd über die Nase. Dann wandte sie sich wieder ihrer eigenen Schülerin und deren Pferd zu, während die Frau und der Wallach noch einige Minuten dort standen.

Als die Frau zu mir zurückgeritten kam, blieb der Wallach zur allgemeinen Überraschung ruhig bei mir stehen. Ab und zu warf er zwar noch einen Blick zum anderen Ende der Arena, aber ansonsten schien er nicht allzu erpicht darauf, wieder dorthin zurückzukehren. Tatsächlich wieherte der Wallach in den nächsten beiden Tagen noch ein oder zwei Mal nach anderen Pferden, aber er drehte nie mehr so durch wie zu Beginn des ersten Tages.

Gegen Ende der letzten Übungsstunde machte die Frau die Bemerkung, dass sie – so, wie das Pferd sich benahm – gedacht hätte, es würde alles nur noch schlimmer werden, wenn sie es zu dem anderen Pferd gelassen hätte. Außerdem sei alles, was sie bisher über Pferde gelernt habe, darauf hinausgelaufen, einem Pferd nie seinen Willen zu lassen. „Woher wussten Sie, dass es funktionieren würde?", fragte sie am Ende.

„Wusste ich nicht", grinste ich und hob die Schultern.

Sie kicherte ein bisschen. „Nein, im Ernst", wiederholte sie. „So, wie er sich aufgeführt hat, wäre mir im Traum nicht eingefallen, ihn dorthin zu lassen, wo er hinwollte. Woher wussten Sie, dass es funktionieren würde?"

„Wusste ich nicht", wiederholte ich. Aber ihr Gesichtsausdruck sagte mir, dass sie gern eine richtige Antwort gehabt hätte, also versuchte ich es so gut wie möglich zu erklären.

„Für viele Menschen ist solch ein unerwünschtes Verhalten, wie er es am ersten Tag gezeigt hat, *schlechtes* Benehmen. Aber wenn wir verstehen, dass bei Pferden Gefühle und Handlungen nicht voneinander zu trennen sind, können wir einsehen, dass unerwünschtes Verhalten gar kein *schlechtes* Benehmen ist. Eher ist es Ausdruck dessen, was das Pferd in diesem Augenblick eben fühlt. Es gibt uns eine Information, das ist alles. Wie wir diese Information wahrnehmen, entscheidet darüber, wie wir darauf reagieren."

Die Frau verlagerte ihr Gewicht leicht von einem Fuß auf den anderen, ließ die Zügel langsam durch die Finger gleiten und nickte.

„Meistens betrachten wir das Benehmen als schlecht", fuhr ich fort. „Also reagieren wir entsprechend darauf. Wenn wir es so sehen, dass das Pferd uns einfach etwas zu sagen versucht, handelt es sich nur noch darum zu entscheiden, ob das, was es sagt, wichtig ist oder nicht." Ich machte eine Pause, um zu sehen, ob das, was ich sagte, einen Sinn ergab. „Verstehen Sie?", fragte ich, weil ich mir ihr Gesicht nicht deuten konnte.

„Nicht wirklich", gab die Frau zu.

Ich erklärte, dass dies wichtig sei. Das eine, was das Pferd wollte, war in diesem Augenblick das einzig wirklich Wichtige in seinem Leben. Dass er es nicht durfte, es im ganzen Leben noch *nie* gedurft hatte, setzte ihn derartig unter Stress, dass er einfach nicht funktionieren konnte. Ihm seinen dringenden Wunsch wenigstens halbwegs zu erfüllen schien zumindest einen Versuch wert.

Ich bin zwar nicht unbedingt dafür, Pferde tun und machen zu lassen, was ihnen einfällt, während wir im Sattel sitzen, aber im Fall dieses Pferdes schien es so zu sein, dass er einfach an nichts anderes denken konnte als an das, was er sich so sehr wünschte. Deshalb war es richtig, ihm das, was er wollte, für kurze Zeit zu gönnen, denn sobald er es hatte, war er willens und fähig, seine Arbeit zu tun.

„Aber um die Wahrheit zu sagen", lachte ich, „ich habe wirklich nicht gewusst, ob es funktioniert, bis ich es probiert habe."

„Es war also", sagte sie mit einem schelmischen Lächeln, „ein Experiment?"

„So könnte man es wohl nennen." Ebenfalls leise grinsend setzte ich hinzu: „Aber jedenfalls wissen wir es jetzt."

Wäre es nicht so windig gewesen, hätte es ein wirklich angenehmer Tag sein können, besonders für diese Jahreszeit. Allerdings kann man sich im Spätherbst in der Front Range von Colorado sowieso nicht auf das Wetter verlassen. Eben kann noch die Sonne vom Himmel brennen, und im nächsten Moment schneit es. Es war und ist immer ein Glücksspiel.

Wenigstens scheint die Sonne, dachte ich, als ich auf den Waschbrettrillen einer Schotterstraße nördlich von Windsor dahinratterte. So würde sich die Luft trotz des Windes nicht allzu sehr abkühlen. Allerdings würde dies in Anbetracht des mit 50 km/h daherpfeifenden Windes nichtsdestotrotz wahrscheinlich ein eher kurzer Besuch werden.

Ich war auf dem Weg, mir ein Pferd anzusehen, das ich eventuell kaufen wollte. Vor zwei Monaten hatte ich in einer kleinen Lokalzeitung eine Anzeige gesehen, die seither jede Woche wieder erschienen war:

13-jähriger Quarter-Wallach, 1a-Qualität,
1,52 Stock, 1150 Pfund
Eingesetzt in Rindermast-Station und für Ausritte
in den Bergen. $ 3500

Ich war auf der Suche nach einem Pferd gewesen, das ich auf meine Touren mitnehmen konnte. Im vorigen Sommer hatte nämlich eine Frau an einem meiner Kurse teilgenommen, die mit ihrem Pferd nicht zurechtkam. Sie hatte die Stute noch nicht lange und jede Menge Probleme mit ihr. Sie wollte mir nicht so recht glauben, dass sie das unerwünschte Verhalten umso eher würde korrigieren können, je mehr Zeit sie sich mit der Stute ließ.

„Geduld ist das A und O", sagte ich zu ihr, als sie gerade wieder besonders frustriert war.

„Sie haben leicht reden", schnappte sie zurück. „Sie haben das Pferd aufgezogen, auf dem Sie sitzen. Ich habe diesen Haufen Probleme *gekauft*.

Zuerst war ich einigermaßen verblüfft über diese Antwort. Noch nie hatte mir jemand während eines Kurses so etwas gesagt. Aber als ich länger darüber nachdachte, merkte ich, dass sie recht hatte. Ich *saß* auf einem Pferd, das ich selbst gezogen hatte, ein Pferd mit sehr wenigen Verhaltensproblemen, wenn überhaupt welchen – das genaue Gegenteil zu dem Derwisch, mit dem sie sich abkämpfte. Ich *hatte* leicht reden, wenn ich einem Kursteilnehmer Geduld predigte. Schließlich hatte ich bei meinem Pferd nicht tagein, tagaus mit dieser Art von Problemen zu kämpfen. Zwar hatte ich längere Zeit (fünf Jahre, um genau zu sein) fast ausschließlich mit gestörten Pferden gearbeitet, aber das war schon einige Zeit her.

Was die Frau gesagt hatte, brachte mich ins Grübeln. Vielleicht war es an der Zeit, mich mit einem eigenen nicht ganz unproblematischen Pferd zu beschäftigen, einem Pferd, wie es Kursteilnehmer anbrachten, und mit dem Pferd während des Kurses zu arbeiten. So könnten die Teilnehmer sehen, dass ich mit meinem Pferd an den gleichen Problemen arbeitete wie sie mit ihrem. Es würde mir auch Gelegenheit geben, das zu praktizieren, was ich predigte.

Als ich die Anzeige sah, hatte ich das Gefühl, dies könne das Pferd sein, nach dem ich suchte. Die Anzeige erschien jede Woche wieder, aber jedes Mal war der Preis gefallen. Über zwei Monate war der Preis für den Wallach von $ 3 500 auf $ 3 200, auf $ 2 800, $ 2 500, $ 1 800 und schließlich auf $ 1 200 gesunken. Da hatte ich angerufen und mich nach ihm erkundigt.

Das Tor zur Ranch lag am Ende einer langen, langen Sackgasse und war daher kaum zu verfehlen. Als ich in den Hof fuhr, kam ein kleiner, stämmiger Mann mit einem Cowboy-Hut, der mehr Meilen gesehen hatte als mein Pickup, auf mich zu. Die Hände hatte er tief in den Taschen seines abgetragenen Overalls vergraben und den Hut so tief über die Ohren gezogen, dass sie unter dem Rand verschwanden. Die graumellierten Bartstoppeln waren mehrere Tage alt, und auf seiner Nase thronten fleckige Brillengläser. „Sie der Mann, der den Wallach anseh'n will?", fragte er mit verblüffend hoher Stimme.

„Ja, Sir", nickte ich und kletterte aus dem Wagen. Bevor ich mich vorstellen konnte, hatte er sich schon umgedreht und ging voraus zum Stall. Mir fiel auf, dass zwar ich gegen den Wind zu kämpfen hatte, der mir stärker vorkam als die vorhergesagten 50 km/h, sein Hut dagegen bombenfest zu sitzen schien.

„Tochter zeicht'n Ihnen", quietschte er. „Hab' noch zu tun. Ist da drin." Mit dem Kinn zeigte er auf die Stalltür, die Hände blieben in den Taschen.

„Danke", sagte ich, als ich an ihm vorbei in die angezeigte Richtung ging.

„Wenn Sie'n wollen", fügte er hinzu, „nehmen Sie'n besser gleich mit, weil Mittwoch geht er zur Auktion nach Fort Collins." Damit drehte er sich um und ging auf einen Schuppen zu, der für sich in der Nähe meines Pickups stand.

Schnell ging ich aus dem Wind heraus und in den Stall. Da stand die Tochter, ein Mädchen mit freundlichem Gesicht, vielleicht 18, 19 Jahre alt, und putzte den Wallach, dessentwegen ich gekommen war. Er war wirklich stämmig und hatte sicher 1,52 m Stockmaß, wie in der Anzeige angegeben. Die Brust war breit, eine kräftige Kruppe wölbte sich über starken, klaren Beinen und Hufen, die zu seiner Größe passten (obwohl sie um einiges länger waren, als sie sein sollten).

„Hi", sagte die Tochter und gab mir die Hand. „Sie kommen wegen dem Pferd?"

„Ja", sagte ich und schüttelte ihr die Hand. „Ich bin Mark."

„Ich bin Lennie." Sie drehte sich zu dem Pferd um. „Und das ist Bill."

„Was kannst du mir über ihn erzählen?", fragte ich.

„Na ja", fing sie an. „Er ist wirklich ein nettes Pferd. Wir haben ihn ungefähr seit sechs oder sieben Jahren. Ich habe ihn in Jugendcamps eingesetzt, bin viele Trails mit ihm geritten, und mein Bruder hat mit ihm einige Jahre in einem Rindermastbetrieb gearbeitet." Sie fuhr ihm mit der Bürste über den Bauch und dann schnell über den Rücken, obwohl er schon ziemlich sauber war. „Meistens hat er die Ruhe weg", fuhr sie fort. „Er kann sich manchmal aber auch ganz schön aufführen, besonders wenn er von einem Trail nach Hause kommt. Wegreiten – kein Problem, aber sobald er merkt, dass es Richtung Heimat geht – na ja, sagen wir, es kann nicht schaden, wenn Sie fest im Sattel sitzen. Wir würden ihn ja behalten, aber ehrlich gesagt hat keiner von uns hier noch große Lust, ihn zu reiten. Wir haben eine Menge Nachwuchspferde. Was wir brauchen, sind ein paar ruhige Ältere. Deshalb muss er weg."

Lennie warf ihm eine alte, abgewetzte Satteldecke auf den Rücken, gefolgt von einem ebenso alten Westernsattel. Trotz des Getöses, das der Wind auf dem Zinndach veranstaltete, stand der Wallach stockstill, als ob nichts wäre. Dann zog sie ihm ein altes, ausgetrocknetes Kopfstück mit einer billigen Kandare über den Kopf und führte ihn hinaus.

Hinter dem Stall befand sich ein Round Pen von ca. 20 Metern Durchmesser, eingefasst von Kieferbohlen in fünf Reihen übereinander. Der Stall hielt den Wind etwas ab, aber nicht sehr. Lennie führte Bill in den Round Pen, zog den Gurt an, setzte den Fuß in den Steigbügel und schwang sich mit einer einzigen fließenden Bewegung mühelos in den Sattel. Als hätte jemand einen Schalter umgelegt, wachte der Wallach, der bis jetzt so still gewesen war wie ein Mäuschen, mit einem Schlag auf.

Kaum hatte Lennies Rückseite den Sattel berührt, da schoss Bill los wie eine Rakete. Die beiden sausten halbwegs um den Pen, dann wendete Lennie ihn auf der Hinterhand, und sie kamen zurückgerast. Wieder eine halbe Runde in Weltrekordzeit, wieder ein Rollback, eine Wendung auf der Hinterhand, und wieder in die Gegenrichtung. Das vollführten sie einige Male, bevor Bill etwas langsamer wurde, sodass sie ihn durch die Mitte reiten konnte, anstatt immer außen herumzurasen.

„Das macht er manchmal", sagte sie, als sie im Lope, dem langsamen Galopp an mir vorbeikamen. Langsamer war Bill geworden, aber er keuchte wie ein Güterzug, und sein Auge, das vor ein paar Minuten noch sanft gewesen war wie bei einem Rehkitz, war nun groß wie eine Untertasse und ließ das Weiße sehen.

Lennie führte einige Sliding Stops aus, wendete und ließ ihn einige Male seitwärts gehen, erst auf der einen, dann auf der anderen Hand. Nach etwa fünf Minuten hielt sie ihn in der Mitte des Round Pen an. Er blieb am Fleck, aber seine vier Füße waren nie alle gleichzeitig am Boden.

Im Laufe der Jahre hatte ich mit vielen Pferden zu tun gehabt, die im Viehtrieb eingesetzt waren, und ich wusste mit Sicherheit, dass ein Pferd, das sich so benahm, die Arbeit keine zwei Jahre ausgehalten hätte. Nicht dass ich Lennie nicht glaubte, was sie mir über die Vorgeschichte des Pferdes erzählt hatte. Sie war sicher ehrlich, aber er verausgabte sich einfach derartig in so kurzer Zeit (und war offenbar noch keineswegs am Ende angelangt), dass ich dachte, kein Cowboy, der Rinder zu treiben hatte, würde diesen Zirkus jeden Tag mitmachen wollen.

„Wie lange, hast du gesagt, hat dein Bruder ihn in der Rindermast geritten?", fragte ich.

„Zwei Jahre", antwortete sie, während der Wallach immer noch auf der Stelle herumzappelte.

„Und er hat sich da so aufgeführt?"

„O nein." Sie drehte ihn wieder herum. „Damit hat er vor einem Jahr oder so angefangen. Davor hatten wir nie die geringsten Probleme mit ihm. Wir hatten einfach nicht die Zeit, es ihm wieder auszutreiben. Ein paar nasse Satteldecken, und er wäre vermutlich wieder der Alte." Damit meinte Lennie, wenn Bill lange genug hart genug rangenommen würde, würde er dieses Benehmen schnell sein lassen. Ich war nicht dieser Meinung, sagte aber nichts.

Stattdessen fragte ich mich, ob das Verhalten vielleicht davon kommen konnte, dass die Kammer des alten Westernsattels voll auf seinem Widerrist aufsaß und der Sattel selbst zu schmal war für seinen Rücken. Oder davon, dass Lennie ihn bei jeder Bewegung unabsichtlich mit den Sporen stupste, oder von seiner geschwollenen Lendenpartie, die ich bemerkt hatte, bevor der Sattel aufgelegt wurde, und die ihm vermutlich ziemlich wehtat.

Es konnte auch davon kommen, dass seine Hufe zwei Mal so lang waren, wie sie hätten sein sollen, oder dass er in der Hüfte sehr steif war, weshalb er mit seinem linken Hinterbein kürzer trat als mit dem rechten. Oder sogar davon, dass der hintere Gurt nicht fest gemacht war, sodass er nach hinten rutschte und die Flanken berührte.

Jedenfalls waren genügend „äußere" Faktoren vorhanden, die für das Verhalten verantwortlich sein konnten, dass ich dachte, mit ein wenig Zeit und Mühe würde ich das schon hinkriegen. Wenn es so war, würde vielleicht das „wirklich nette Pferd", das Bill laut Lennie früher einmal war, wieder zum Vorschein kommen.

„Geht noch was mit dem Preis?", fragte ich und versuchte, nicht allzu interessiert zu klingen.

„Ehrlich gesagt", entgegnete sie und bemühte sich, den Wallach zum Stillstehen zu bringen, „mein Vater will ihn am Mittwoch zur Auktion bringen und notfalls zum Schlachtpreis verkaufen. Wenn Sie ihm ein bisschen mehr bieten, wird er vermutlich zuschlagen, Hauptsache, er muss ihn nicht weiter durchfüttern." Nachdem sie Bill beinahe Kopf voran in den Zaun geritten hatte, war es ihr endlich gelungen, ihn zum Stehen zu bringen.

„Wollen Sie ihn mal reiten?", fragte sie, als er ein paar Sekunden still stand.

„Nö", antwortete ich. „Ich glaube, ich habe alles gesehen, was ich sehen wollte. Machen wir, dass wir aus dem Wind herauskommen, und dann sehen wir mal, was Ihr Dad für Preisvorstellungen hat."

Es war nicht schwer, Lennies Vater von den $ 1.200 in der Anzeige abzubringen. Er feilschte zwar noch ein bisschen, aber eher halbherzig. Es war von Anfang an klar, dass er den Wallach loswerden wollte, und ich bin mir gar nicht so sicher, ob er mir, wenn ich weitergehandelt hätte, nicht noch etwas draufgezahlt hätte, nur um ihn aus dem Stall zu haben.

Als ich Bill zu Hause hatte, rief ich sofort meinen lang-jährigen Freund, den Chiropraktiker Dr. Dave Siemens an und bat ihn, sich den Wallach anzusehen. Dave renkte ihn in zwei Wochen drei Mal ein und konnte so gut wie alle Steifheiten beseitigen, von denen Bill mehr hatte als anfangs gedacht. Es waren nicht nur die Hüft- und die Lendenpartie betroffen, son-dern auch beide Sprunggelenke und die Halswirbel, der Wider-rist und die linke Schulter. Bill war wirklich sehr steif und litt unter ziemlichen Schmerzen.

Mein Hufschmied kümmerte sich um Bills Hufe, wozu er drei Sitzungen im Verlauf von sechs Monaten brauchte. Au-ßerdem bekam er einen Sattel, der passte. Ich war verblüfft, welche Verwandlung allein diese Dinge bereits im Benehmen und der Haltung des Pferdes bewirkten. Als ich ihn etwa ein-einhalb Monate, nachdem ich ihn gekauft hatte, erstmals ritt, war von dem Benehmen, das er unter Lennie gezeigt hatte, sehr wenig übrig.

Trotzdem lag Bill noch immer schwer auf der Hand, und jedes Mal, wenn ich einen Stopp, eine Wendung oder ein Rückwärtsrichten von ihm verlangte, kam als Antwort zuerst ein kräftiger Stoß, der sich anfühlte, als ob er am Schweif an-finge, durch den ganzen Körper nach vorn liefe und in seinem Maul endete. Ich arbeitete ein paar Wochen daran, diesen Stoß abzumildern, mit mäßigem Erfolg, bevor ich Bill erstmals mit auf die Reise nahm.

Auf unserem ersten gemeinsamen Kurs gab ich vom Sattel aus Unterricht, arbeitete ein paar Fohlen und nahm eine zweijährige Stute als Handpferd mit. Wir trieben sogar ein paar Rinder nach Hause, die beim Nachbarn über den Zaun gesprungen und bei uns auf dem Parkplatz gelandet waren. Der zweite Kurs verlief ähnlich, mit Ausnahme der Rinder, und der dritte desgleichen. Ich stellte bald fest, dass Bill ein wirklich nettes Pferd war, arbeitswillig und im Allgemeinen sehr umgänglich.

Wenn ich „im Allgemeinen" sage, meine ich damit, dass er zwar gut arbeitete, wenn es darauf ankam, dass ich aber immer so etwas wie ein „verborgenes Problem" zu spüren glaubte, das wir nicht in den Griff zu bekommen schienen und das wir auch nicht richtig festmachen konnten. Es war nicht unbedingt etwas, was er tat oder nicht tat, sondern mehr ein Gefühl, das von Zeit zu Zeit von ihm ausging. Es war ein Gefühl, als ob er bei der geringsten Gelegenheit sofort durchdrehen würde, obwohl er nie wirklich etwas tat, was mich darin bestärkt hätte. Seltsam ...

Ungefähr nach einem Monat gaben wir im südlichen Arizona einen Drei-Tage-Kurs, der von einem Freund veranstaltet wurde, auf dessen Ranch ich vor Jahren gearbeitet hatte und der vor Kurzem nach Tucson umgezogen war.

Wie bei den anderen Kursen arbeitete Bill gut und problemlos an allen drei Tagen. Am Ende des dritten Tages fragte mein Freund, ob ich vor dem Abendessen noch Lust auf einen kurzen Ausritt in die Wüste hätte. Im Gelände benahm sich Bill nicht anders als in der Arena – ruhig, willig und verhältnismäßig durchlässig (obwohl er immer noch etwas unempfindlich im Maul war, was ich nicht ganz hatte beheben können).

Die Sonne schien warm am Nachmittag, und mein Freund und ich wechselten uns in der Führung ab, während wir kreuz und quer durch die Wüstenlandschaft ritten. Wir schlängelten uns zwischen Saguaro-Kakteen durch und wateten durch Sandkuhlen, und nichts in Bills Verhalten wies auf das hin, was da kommen sollte. Nach zwei, drei Kilometern beschlossen wir, wieder umzukehren und nach Hause zu reiten, um rechtzeitig zu dem Abendessen mit allen Kursteilnehmern zurück zu sein.

Kaum hatten wir umgedreht, als das kleine verborgene Problem, das ich nie hatte festmachen können – das ich aber immer gespürt hatte, seit ich angefangen hatte, Bill zu reiten –, plötzlich und unerwartet zum Vorschein kam. Mit einem lauten Schnarcher katapultierte er sich mit allen vieren in die Luft. Es hätte nicht viel gefehlt, und er wäre fast fünf Meter weiter auf meinem vorausreitenden Freund gelandet.

Mein erster Gedanke war, dass ihn etwas erschreckt oder gebissen hatte, denn die Explosion war ohne jede Vorwarnung gekommen. Aber als er sich nach fünf Minuten immer noch nicht beruhigt hatte, ging mir auf, dass es wohl etwas anderes war. Während wir uns im Kreis drehten, losschossen, seitwärts oder auf der Stelle galoppierten und er immer wieder in die Luft sprang, fiel mir etwas ein, was Lennie gesagt hatte, als ich damals, vor einigen Monaten, hingefahren war, um ihn mir anzusehen. „Er kann sich manchmal ganz schön aufführen", hatte sie gesagt. „... besonders wenn er von einem Trail nach Hause kommt. Wegreiten – kein Problem, aber sobald er merkt, dass es Richtung Heimat geht – na ja, sagen wir, es kann nicht schaden, wenn Sie fest im Sattel sitzen."

Sie hatte recht. Er konnte sich wirklich aufführen, und was ich auch versuchte, um ihn zu beruhigen, es half alles nichts. Er hörte den ganzen Rückweg lang nicht auf, und selbst als wir wieder zu Hause waren, schien er sich noch mehr aufzuregen als im Gelände. Daraus schloss ich, dass es nicht etwa „Stalldrang" war, dass er nicht einfach nur nach Hause wollte. Wäre es das gewesen, hätte er sich höchstwahrscheinlich beruhigt, als wir wieder am Stall angelangt waren.

Ich ritt ihn trocken, denn er tropfte nur so von Schweiß, brachte ihn in den Stall und ging zum Essen. Als ich ihn später am Abend noch einmal besuchte, schien er immer noch leicht aufgeregt, aber am Morgen sah er aus wie immer.

Die Fahrt zu unseren nächsten Kursen nördlich von Dallas, Texas, verlief ohne besondere Vorkommnisse, ebenso wie der erste Kurs. Zwar hatte ich nach wie vor das Gefühl, ein verborgenes Problem nicht gelöst zu haben, aber nichts in Bills Verhalten wies (wie zuvor) auf ein Problem hin.

Das einzige körperliche Problem, um das ich mich zu Hause nicht hatte kümmern können, waren Bills Zähne. Zwischen unserem ersten und dem zweiten Vier-Tage-Kurs hatten wir einen freien Tag, und ich wusste, dass es im Nachbarort einen Tierarzt gab, den ich früher schon ab und zu auf der Durchreise bemüht hatte. Doc Browne war ein älterer Mann mit jahrelanger Erfahrung und einer umgänglichen Art. Er hatte in späteren Jahren noch eine Zusatzausbildung als Pferdezahnarzt gemacht und war verflixt gut darin.

Seiner Meinung nach gehörten Bills Zähne gerichtet. Wir erörterten, ob seine schlechten Zähne schuld sein konnten an dem unerwünschten und unerwarteten Verhalten, das ich erlebt hatte.

„Sie wissen ja, dass Zahnprobleme die Ursache für Verhaltensprobleme sein können", sagte der Doc in seinem schleppenden texanischen Tonfall. „Aber das sind gewöhnlich kleinere Probleme wie Kopfschlagen. Dass ein Pferd derartig Rodeo spielt nur wegen der Zähne, kann ich mir nicht vorstellen."

Der Wallach war noch sediert und stand im Zwangsstand, in den der Doc ihn für die Behandlung gestellt hatte. Wie bei allen Wallachen, deren Zähne er behandelte, fing er routinemäßig an, den Schlauch zu säubern. „Ich glaube nicht, dass die Zähne das Problem waren", sagte er, während er mit den in Gummihandschuhen steckenden Fingern in Bills Schlauch herumgrub. „Aber das kann es gewesen sein." Mit einiger Mühe zog er eine „Bohne" – ein relativ rundes, steinhartes Objekt, bestehend aus Schmutz und Absonderungen, die sich im unsauberen Schlauch eines Pferdes ansammeln können – aus Bills Schlauch. Die „Bohne" hatte einen Durchmesser von ca. vier Zentimetern!

„So große habe ich bis jetzt nur in Büchern abgebildet gesehen", sagte er und legte die Bohne auf ein weißes Tuch. „Ich nehme an, dass ihm das schon ab und zu ein bisschen die Laune verdorben haben kann."

Der Doktor machte weiter mit der Säuberung des Schlauchs und brachte zu unserem größten Erstaunen eine weitere Bohne von der gleichen Größe zum Vorschein. „Dong", sagte er, als er sie neben die erste auf das Tuch legte. „Armer Kerl." Beim dritten Versuch zog er drei weitere Bohnen, allerdings viel kleiner, heraus und legte sie neben die anderen.

„Das war's wohl." Er zog sich die Gummihandschuhe aus. „Ich wette, ihm geht's jetzt erheblich besser."

Während bei Bill langsam die Sedierung nachließ, rief der Doc sein Personal zusammen, damit sie sich die Riesenbohnen ansehen konnten. Es gab viele Aahhs und Oohhs, als sie daran vorbeidefilierten. Dann ließ er sich seinen Fotoapparat bringen, arrangierte die Bohnen auf dem Tuch und stellte verschiedene andere Gegenstände wie eine Kaffeetasse, einen Golfball und eine Münze zum Größenvergleich daneben.

Vermutlich gehörten diese Bohnen seit Langem zu den größten Ereignissen im Dorf, denn es dauerte nicht lang, und diverse Nachbarn kamen vorbei, um sie ebenfalls anzusehen, dazu ein paar Rancher, die einen Bullen mit einem Abszess zur Behandlung gebracht hatten. Sogar der Typ von der Holzhandlung gegenüber kam herüber und staunte.

Als die Sedierung abgeklungen war, verlud ich Bill auf den Anhänger und fuhr zurück zu unserem Veranstaltungsort. Der Unterschied im Verhalten des Wallachs nach dieser Behandlung war verblüffend. Über Nacht war er weich geworden wie Butter und führte willig alles aus, was ich von ihm verlangte. Das verborgene Problem, das ich bei ihm gespürt hatte, war verschwunden und kehrte niemals wieder.

Drei Monate ritt ich Bill noch in Kursen und stellte ihn dann Teilnehmern zur Verfügung, die ihn den Sommer über in den Wochenkursen reiten konnten. Er war so ruhig und zuverlässig geworden, dass wir buchstäblich jeden darauf-

„Über Nacht war er weich geworden wie Butter und führte willig alles aus, was ich von ihm verlangte. Das verborgene Problem, das ich bei ihm gespürt hatte, war verschwunden und kehrte niemals wieder."

setzen konnten, vom absoluten Anfänger bis zu wirklich fortgeschrittenen Reitern. Tatsächlich war er so ruhig geworden, dass ich ihn schließlich an einen Freund verkaufte, der in der Nähe von unserem Zuhause einen Verleihstall betrieb. Bill wurde bald eines der zuverlässigsten Pferde im Stall und zeigte nicht ein einziges Mal mehr das Fehlverhalten, das er bei seinen früheren Besitzern und bei mir auf dem Heimweg gezeigt hatte.

Was die Wahrnehmung von unterschiedlichem Verhalten bei Pferden betrifft, habe ich im Laufe der Jahre ein interessantes Phänomen kennengelernt. Die meisten Menschen stopfen das Verhalten in drei Kategorien: gutes Verhalten (die Art, die wir mögen), schlechtes Verhalten (die Art, die wir nicht mögen) und beunruhigendes Verhalten (die Art, die uns beunruhigt, ohne dass wir etwas dagegen unternehmen).

Ein Beispiel für gutes Verhalten ist ein Pferd, das zufrieden seine Arbeit tut, seinen Job versteht und ihn gern tut und seinem Besitzer selten bis nie Probleme bereitet. Ein Beispiel für schlechtes Verhalten könnte so etwas wie das von Bill sein – wenn das Verhalten des Pferdes unvorhersehbar, explosiv und/oder offensichtlich gefährlich ist. Beunruhigend ist ein Verhalten, wenn ein Pferd zwar meistens tut, was es soll, aber mit den Zähnen knirscht, den Kopf schüttelt, scharrt, mit dem Schweif schlägt oder andere relativ unbedeutende, aber ärgerliche Verhaltensweisen zeigt, ob unter dem Sattel oder an der Hand.

Das Interessante daran ist, dass manche Menschen diese Verhaltensweisen, vielleicht unbewusst, als getrennte Sachlagen empfinden und daher unterschiedlich darauf reagieren, während sie für mich alle ein und dasselbe sind. Einfach gesagt sind all diese Verhaltensweisen nicht mehr und nicht weniger als Informationen, die das Pferd anbietet. Ein Pferd, das sich „gut" benimmt, sagt uns einfach, dass es sich mit dem, was in diesem bestimmten Moment seines Lebens abläuft, im Einklang befindet. Ein Pferd, das sich „schlecht" benimmt, sagt uns, dass ein Problem – größer, wie bei Bill, oder kleiner – existiert, das gelöst sein will. Ein Pferd, das sich „beunruhigend" benimmt, sagt uns, dass es etwas nicht versteht und damit zu kämpfen hat.

Wir Menschen neigen dazu, gutes Benehmen auszunutzen, das heißt über die guten Dinge, die Pferde tun, denken wir nicht weiter nach, weil sie unseren Erwartungen entsprechen. „Schlechtes" Benehmen dagegen wird von uns als irgendwie feindlich wahrgenommen, hauptsächlich weil es uns Angst macht. Deshalb reagieren wir oft defensiv darauf und

denken nicht wirklich über die Ursache nach. Bei „beunruhi-
gendem" Benehmen besteht die Tendenz, es überhaupt nicht
bewusst wahrzunehmen, weshalb wir oft auch nicht wirksam
darauf eingehen können.

Gewöhnlich kommunizieren Pferde durch ihr Verhalten mit uns. Auch hier bin ich der Meinung, dass Pferde nicht
unterscheiden zwischen dem, was sie fühlen, und dem, was
sie tun. Wenn sie also etwas Bestimmtes tun, spiegelt diese
Handlung ihre Gefühle wider. Der Körper des Pferdes wird zum
Spiegelbild seiner Emotionen. Also ist es der Körper, der uns
über das informiert, was im Innern des Pferdes wirklich abläuft.

Wenn dies jedoch der Fall ist, dann fällt *jegliches* Verhalten des Pferdes, ob gut, schlecht oder unbedeutend, unter ein
und dieselbe Kategorie: Das Pferd liefert Informationen darüber, wie es sich fühlt. Können wir also das Wort „Verhalten"
durch das Wort „Information" ersetzen, dann sprechen wir
über eine *gute* Information, eine *schlechte* Information oder
eine *unbedeutende* Information, die das Pferd anbietet.

Vom menschlichen Standpunkt aus ist eine *gute* Information gewöhnlich etwas, was uns als nützlich erscheint.
Wenn jemand uns von einem tollen Restaurant erzählt, in
dem er essen war, ist das für uns eine gute Information. Eine
schlechte Information ist für uns alles, was uns schaden könnte. Gibt man uns zum Beispiel eine falsche Wegbeschreibung
zu diesem tollen Restaurant, sodass wir zu spät für unsere
Reservierung eintreffen, könnte man dies als schlechte Information bezeichnen. Unter einer *unbedeutenden* Information ist
alles zu verstehen, was wir nehmen oder auch lassen können,
was uns nützen kann oder auch nicht. Wenn uns jemand erzählt, in dem tollen Restaurant würden auch fantastische vege-
tarische Gerichte serviert, wir aber gar keine Vegetarier sind,
dann könnte man dies als eine unbedeutende Information betrachten.

Gehen wir nun aber einen Schritt zurück und betrachten die Information als Ganzes, sehen wir, dass nur eines diese Information gut, schlecht oder unbedeutend macht, und zwar unsere Wahrnehmung und die Bedeutung, die wir ihr zumessen. Jemand erzählt uns von einem tollen Restaurant, aber wir haben die Wahl, hinzugehen oder nicht. Jemand beschreibt uns den Weg, aber wir haben die Wahl, der Beschreibung zu folgen oder nicht. Jemand erzählt uns von der Speisekarte, aber es liegt an uns, ob wir etwas davon bestellen. Wie Sie sehen, ist alles nur neutrale Information, bis wir ihr einen Wert beimessen. Dann wird sie gut, schlecht oder unbedeutend.

Das Gleiche gilt für das Verhalten von Pferden. Das Verhalten eines Pferdes ist einfach nur Information, bis wir ihm einen Wert beimessen. Das Pferd andererseits bewertet sein Verhalten oder die Art, wie wir es auffassen, nicht. Es versorgt uns einfach mit einer Rückmeldung. Das Pferd der Frau, das unbedingt zum anderen Ende der Reitbahn musste, bevor es an die Arbeit gehen konnte, gab uns einfach eine Information. Bills Affentanz auf dem Trail gab uns eine Information. Ein Pferd, das mit dem Schweif schlägt, den Kopf schüttelt oder scharrt, bietet eine Information an. Davon, wie wir diese Information wahrnehmen – welchen Wert wir ihr beimessen –, hängt unsere Reaktion ab.

Die gute Nachricht ist natürlich, dass die Wahl letztendlich bei uns liegt. Wir können ein Verhalten entweder in Ruhe betrachten und es als das sehen, was es ist, oder wir können es anders sehen. Wie auch immer – am Ende werden wir entsprechend reagieren, und davon wird unser Erfolg abhängen – so oder so.

TEMPO, RICHTUNG, ZIEL

Bevor man mich bat, Kurse zu geben, hatte ich auf vielen Ranches und Reitbetrieben im Gebirge gearbeitet. Während dieser Zeit war ich sehr isoliert von dem, was „draußen" in der Pferde- und Reiterwelt vor sich ging. Ich wusste nichts von anderen Trainern und ihren Methoden oder Techniken, und mir waren auch nicht viele der üblichen Probleme begegnet, mit denen „Hinterhof-Pferdeleute" im täglichen Umgang mit ihren Pferden zu kämpfen hatten.

„Er geht nicht geradeaus?", fragte ich in der Hoffnung, den Mann missverstanden zu haben.

Oh, gesehen hatte ich auf den Ranches jede Menge gestörte Pferde und hatte an den Problemen zwischen ihnen und ihren Reitern gearbeitet, aber was ich sah, ergab für mich einen Sinn und erschien mir ziemlich unkompliziert. Einiges von dem, was ich auf den Kursen zu sehen bekam, ergab für mich keinen Sinn, und ehrlich gesagt hatte ich Mühe zu begreifen, wieso die Leute überhaupt Probleme hatten. Das führte dazu, dass ich im Laufe der Zeit im Schnelldurchgang eine Menge Dinge lernen musste, die ich besser schon viel früher gewusst hätte.

Eines dieser Probleme tauchte auf einem der ersten Kurse auf, die ich gab. Ein Mann Mitte fünfzig brachte zu Fuß einen hübschen Apfelschimmel, halb Araber, halb Quarter Horse, in die Reitbahn, gesattelt und aufgetrenst. Der Mann hatte den Wallach vor einigen Jahren von einer Ranch gekauft und ritt ihn hauptsächlich im Gelände, aber auch in der Reitbahn.

„Wie kann ich Ihnen helfen?", fragte ich.

„Na ja", sagte er und klopfte dem Pferd den Hals. „Die meiste Zeit kommen wir ziemlich gut miteinander aus, aber manchmal geht er einfach nicht geradeaus, ganz gleich, was ich tue."

Ich war mir nicht sicher, ob ich ihn richtig verstanden hatte. Wieso konnte es ein Problem sein, geradeaus zu gehen – für ihn oder für das Pferd? Damals hatte ich schon ca. dreißig Jahre mit Pferden gearbeitet und in all dieser Zeit niemals ein Pferd gesehen, das nicht geradeaus gehen konnte. Klar, es hatte Jungpferde gegeben, die beim Anreiten mit dem Gleichgewicht zu kämpfen gehabt hatten, und auch ein paar junge, aber schon länger gerittene Pferde, die ihr Gleichgewicht noch nicht gefunden hatten und nicht geradeaus gegangen waren. Normalerweise wackelten diese Pferde ein paar Tage herum, und mit der Gewöhnung an das Reitergewicht verging das Problem allmählich von selbst. Aber dies war kein junges Pferd, das gerade erst angeritten wurde. Dieser Wallach war zwölf Jahre alt, ein erfahrenes Trail- und Ranchpferd von der Art, mit der ich seit

Jahren gearbeitet hatte. Dass er keine gerade Linie laufen konnte oder wollte, erschien einfach nicht auf meinem Radar.

„Er geht nicht geradeaus?", fragte ich in der Hoffnung, den Mann missverstanden zu haben.

„Genau", kam die Antwort. „Ziemlich oft schwankt er herum wie ein betrunkener Seemann."

„Könnten Sie mir mal zeigen, wie das aussieht?"

„Sicher." Er saß auf und ritt im Schritt quer durch die Reitbahn.

Mit den ersten paar Schritten wich das Pferd erst in die eine, dann in die andere Richtung von der geraden Linie ab, dann wieder in die eine und die andere und so fort, bis sie die andere Seite erreicht hatten. Dort drehten sie um und kamen zurück, wieder von einer Seite zur anderen schwankend.

„Könnten wir das noch mal versuchen?", fragte ich.

„Sicher", sagte der Mann und wendete das Pferd.

Wieder ritten sie durch die Reitbahn, sogar noch langsamer und noch schwankender als zuvor.

Mir ging ziemlich schnell auf, warum ich diese Art von Verhalten in der Vergangenheit nicht oft gesehen hatte. Da, wo ich herkam, setzten wir Pferde ein, um einen Job zu erledigen, ob es sich darum handelte, Vieh oder Pferde zusammenzutreiben, Trailritte zu führen, Reitstunden zu geben, Packpferde zu beladen oder um sonstige Aufgaben, die Pferd und Reiter gemeinsam ausführten, um ein bestimmtes Ziel zu erreichen. Wie auch immer die Aufgabe lautete, unsere Reiterei diente immer einem Zweck, was dem Pferd die Anleitung gab, die es brauchte, um seine Arbeit zu tun.

Dieser Reiter jedoch schien seinem Pferd so gut wie keine Anleitung zu geben. Er gab ihm die allgemeine Richtung vor, in die er gehen wollte, hörte dann irgendwie total auf zu reiten und ließ das Pferd umherwandern. Während der Reiter nur im Sattel saß und auf den Hinterkopf seines Pferdes starrte, schien das Pferd selbst völlig uninteressiert an dem, was vorging, und setzte einfach einen Fuß vor den anderen, und so mäanderten sie vorwärts und rückwärts durch die Reitbahn.

„Das ist es also, was er macht?", fragte ich, als die beiden langsam und unzeremoniös vor mir zum Stehen kamen.

„Das ist es", sagte der Mann achselzuckend. „Mein Trainer sagt, er ist faul. Ich denke, er langweilt sich vielleicht einfach in der Reitbahn. Was glauben Sie?"

„Na ja", sagte ich, während das Pferd einzunicken schien. „Ich glaube, er tut genau das, was Sie von ihm verlangen, was, entschuldigen Sie bitte, nicht eben viel ist."

„Was soll das heißen?" Der Mann verlagerte sein Gewicht im Sattel. „Ich wollte, dass er einigermaßen dynamisch geradeaus geht, und das hat er nicht getan."

„Ich weiß", nickte ich. „Das war vielleicht, was Sie wollten, es war aber nicht das, was Sie verlangt haben. Verlangt haben Sie aus seiner Sicht, dass er irgendwo da drüben hingeht." Ich zeigte mit dem Arm in die Richtung, aus der sie gerade gekommen waren. „Und die Art, wie Sie ihn geritten haben, sagte ihm, dass Ihnen *jedes* Tempo recht wäre." Der Mann saß ein paar Sekunden still, als müsse er erst verdauen, was ich gesagt hatte. „Also", fuhr ich fort, „wenn Sie wollen, dass er anders geht, reiten Sie ihn einfach anders."

Aus seinem Gesichtsausdruck war zu entnehmen, dass er nicht wirklich verstand, was ich ihm zu sagen versuchte.

„Sehen Sie die Kegel dort drüben?" Ich zeigte auf ein paar orangefarbene Hütchen, die in einer Ecke aufeinandergestapelt waren. Der Mann musste sich im Sattel fast völlig umdrehen, um sie zu sehen. „Reiten Sie dort hinüber, so schnell Sie können."

„Jetzt?", fragte er und sah zu den Hütchen hin.

„Jawoll", antwortete ich. „Jetzt sofort."

Der Mann drehte sich zu mir herum, rührte sich aber ansonsten nicht.

„Los!", forderte ich mit spielerischer Dringlichkeit auf.

Der Mann sah zuerst etwas verblüfft aus, dann wendete er das Pferd und ritt in einem Schritt, der nicht viel schneller war als der, mit dem sie gerade gekommen waren, auf die Kegel zu.

„Los!", wiederholte ich. „Kein lahmer Schritt! Reiten Sie, als ob die Kühe am Ausbrechen wären!"

Der Mann trieb das Pferd an. Es reagierte, aber nicht sehr.

„Los!", sagte ich wieder. „*Go!*"

Plötzlich richtete sich der Mann im Sattel auf, gab dem Pferd mit dem Absatz einen tüchtigen Stoß in die Seite, und die beiden verfielen in einen kleinen Jog-Trab.

„Los!" rief ich noch einmal.

Er drückte dem Pferd noch einmal die Absätze in die Flanken, und das Pferd galoppierte in einem schnellen, aber kontrollierten Lope durch die Reitbahn. Sie ritten auf einer hübsch geraden Linie, und als sie noch ein paar Meter von den Kegeln entfernt waren, kommandierte ich „Stopp!" Das Pferd stoppte, schnell und verhältnismäßig weich.

„Na also", sagte ich über das Mikro, das ich trug. „Kommen Sie jetzt zu mir zurück, so schnell Sie können."

Wieder wendete der Mann das Pferd und kam im Schritt – komm ich heut' nicht, komm ich morgen – auf mich zugeritten.

„Los!", rief ich, aber mit der Andeutung eines Lachens in der Stimme. „Der Tag verbrennt!"

Wie der Blitz kamen die beiden auf mich zugaloppiert. Ich sagte, sie sollten an mir vorbeireiten und dann ohne anzuhalten zurück zu den Kegeln. Kurz bevor sie bei den Kegeln ankamen, kommandierte ich einen Stopp, ließ ihn wenden und so schnell er konnte zu einer hölzernen Aufsteighilfe am anderen Ende der Arena reiten. Das tat er. Dann ließ ich ihn den ganzen Vorgang wiederholen, bevor er sein Pferd bei mir zum Stehen bringen sollte.

„Finden Sie ihn immer noch faul?", fragte ich, nachdem das Pferd einen nahezu perfekten *Sliding Stop* von fünfzehn Zentimetern kurz vor mir hingelegt hatte.

„Das ist das Beste, was er je in der Reitbahn geleistet hat, seit ich ihn habe." Der Mann lächelte, beugte sich vor und klopfte seinem Pferd den Hals. „Ich hätte nicht gedacht, dass er das drin hat."

„Wahrscheinlich denkt er dasselbe von Ihnen", ulkte ich.

„Tja", stimmte der Mann zu. „Da haben Sie wahrscheinlich recht."

„Schön", grinste ich. „Warum schauen Sie nicht mal, ob er Ihnen jetzt eine schöne gerade Linie hinlegt?"

Der Mann wendete den Wallach und ritt im Schritt zum gegenüberliegenden Zaun, ganz wie am Anfang. Diesmal aber waren die beiden viel mehr zusammen und auf ihre Aufgabe konzentriert. Sie gingen gezielt los, auf gerader Linie zum Zaun und zurück. Während des restlichen Kurses hatte der Mann keinerlei Probleme mehr, das Pferd auf geraden Linien und in dem jeweils gewünschten Tempo zu reiten. Anscheinend hatte es genügt, dem Pferd eine gewisse Anleitung zu geben, wohin sie in welchem Tempo gehen wollten, um die Situation beträchtlich zu klären.

Als ich nach diesem Kurs wegfuhr, dachte ich, wie eigenartig es doch gewesen war, dass es dem Reiter solche Mühe gemacht hatte, sein Pferd auf einer geraden Linie zu reiten. Ich konnte mir einfach nicht vorstellen, warum dies für irgendjemanden ein Problem sein sollte, und ehrlich gesagt dachte ich wohl, es sei wahrscheinlich einfach Zufall gewesen.

Aber mit der Zeit merkte ich, dass dies nicht nur kein Zufall gewesen war, sondern dass es sich um eines der üblichsten „Probleme" handelte, mit denen ich in vielen meiner Kurse noch zu tun bekommen sollte.

❖

Zwar begegnete mir dieses spezielle Problem zwischen Pferden und Reitern bei zahlreichen Gelegenheiten, aber damals wusste ich noch nicht, dass in so gut wie jedem der Fälle das Problem dieselben Ursachen zu haben schien: eine von drei oder die Kombination von drei unterschiedlichen, aber sehr charakteristischen Missverständnissen zwischen Mensch und Pferd.

Einfach gesagt laufen diese drei Missverständnisse darauf hinaus, dass das Pferd vom Reiter nicht genügend Informationen erhält, um die geforderte Aufgabe auch ausführen zu können. Mit anderen Worten: Der Reiter zeigt dem Pferd weder Tempo noch Richtung oder Ziel an, das Pferd weiß nicht, was es tun soll.

Wahrscheinlich gehe ich jetzt besser einen Schritt zurück und erkläre, dass, wie die meisten Pferdeleute bereits wissen, Pferde die geborenen Mit- oder Nachläufer sind. Eine Herde von beispielsweise dreißig Pferden besteht höchstwahrscheinlich aus einem Führer und neunundzwanzig, die ihm nachlaufen. Und im Gegensatz zur landläufigen Meinung ist dieser Führer selten das Alphatier.

In Wirklichkeit wird eine Herde wild lebender Pferde in den meisten Fällen von einer älteren Stute angeführt. Bei Hauspferden kann die Rolle auch einem Wallach zufallen. Bei den wilden Herden kommen und gehen die männlichen Tiere. So kann ein Hengst übernehmen, nachdem ein anderer ausgestoßen wurde. Aber die Stuten bleiben gewöhnlich ihr Leben lang bei der Herde, natürlich immer vorausgesetzt, sie werden nicht von einem rivalisierenden Hengst gestohlen. Aus diesem Grund haben die älteren Stuten die lebenslange Erfahrung, die zur Führung einer Herde notwendig ist. Sie kennen die guten Wasserlöcher, wo das beste Futter wächst, wo sie bei extremer Witterung Schutz finden und so weiter. So

„In Wirklichkeit wird eine Herde wild lebender Pferde in den meisten Fällen von einer älteren Stute angeführt. Bei Hauspferden kann die Rolle auch einem Wallach zufallen."

ist es natürlich, dass diese älteren Stuten Tempo, Richtung und Ziel der Herde bestimmen.

Trabt die alte Stute (Tempo) vom Weideland zum Wasserloch, folgt die Herde im Trab. Wendet sie sich nach links (Richtung), laufen auch alle anderen Pferde nach links. Hält sie an (Ziel), halten alle an. Selbst in einer kleinen Herde von Junghengsten wird einer gewöhnlich von der ganzen Herde zum Führer „ernannt", und die anderen folgen diesem bestimmten Pferd, wie sie in einer großen Herde der Leitstute folgen würden. Eine Junghengstherde ohne bestimmten Führer folgt der Ursprungsherde (natürlich in sicherem Abstand) und wird also in gewissem Sinn immer noch von dieser einen Stute angeführt.

Es ist daher leicht einzusehen, wie wichtig diese drei Komponenten – Tempo, Richtung, Ziel – für ein Pferd unter den meisten Gegebenheiten sind. So lebt die große Mehrheit der Pferde, so kommt sie durch den Alltag: indem sie der Führung und Leitung anderer Pferde mit mehr Erfahrung folgt. Nicht nur das, sondern wenn es einer der Anführer – ob Mensch oder Pferd – an einer dieser drei Komponenten fehlen lässt, wird das Pferd unausweichlich die Lücke selbst füllen und selbst das Tempo, die Richtung und/oder das Ziel wählen. Trotzdem: Wenn die Gelegenheit besteht, wird ein Pferd lieber folgen als führen und sich selten um Führerschaft bemühen, wenn dies nicht unumgänglich ist.

Allerdings besteht das Problem mit Pferden, die die Lücke füllen, wenn sie geritten werden, und Tempo, Richtung und/oder Ziel selbst wählen, darin, dass ihre Wahl meistens nicht dem entspricht, was der Reiter sich vorgestellt hat. Dann haben wir ein Pferd, das entweder zu langsam oder zu schnell läuft, den einen Weg einschlägt, wenn wir den anderen wollten, unvermittelt anhält und ebenso unvermittelt wieder antritt, nicht still stehen bleibt oder sich nicht vom Fleck bewegt oder uns mit jeder Menge ärgerlicher und anscheinend unlösbarer Probleme konfrontiert, die wir irgendwie nicht in den Griff bekommen können. Diese Probleme können sich bei der Bodenarbeit ebenso zeigen wie unter dem Sattel.

Wir Menschen sind dagegen ganz anders gestrickt. In der Regel denken wir nicht stundenlang darüber nach, wenn wir ausgehen. Ein Mensch allein wählt sein Tempo, seine Richtung und sein Ziel, ohne groß darüber nachzudenken. Wenn wir einen Spaziergang oder eine Wanderung vorhaben, steht das Tempo, das wir einzuhalten gedenken, schon fast von Anfang an fest. Wir nehmen uns einen bestimmten Weg vor (Richtung) und entscheiden oft schon vor Beginn, wie weit wir gehen wollen (Ziel), bevor wir umkehren und zurückgehen.

Während die meisten Pferde also Entscheidungen lieber delegieren, entscheiden die meisten Menschen lieber für sich selbst. Seltsamerweise besteht jedoch das häufigste Problem bei Reitern oder Menschen, die mit Pferden umgehen, darin, dass sie, sobald Pferde ins Spiel kommen, mit dem Pferd die Rollen tauschen. Plötzlich ist es das Pferd, das die Entscheidungen trifft, und der Mensch derjenige, der folgt. Das Interessante daran ist, dass sich weder Pferd noch Mensch in diesen vertauschten Rollen wohlfühlen. Aber sie stecken drin! Und obendrein weiß der Mensch oft nicht einmal, dass dieser Rollentausch stattgefunden hat, weil er meist langsam und über längere Zeit erfolgt. Oft merkt der Reiter nicht einmal, dass er ein Problem hat, bis das Problem so groß ist, dass man es nicht länger ignorieren kann. Hätten wir allerdings dem Pferd zur rechten Zeit die richtige Richtung gezeigt, wären die Probleme höchstwahrscheinlich gar nicht erst entstanden. Und selbst wenn sich das Problem nicht ganz hätte vermeiden lassen, wäre es mit ziemlicher Sicherheit sowohl von Seiten des Pferdes wie des Reiters sehr viel leichter zu lösen gewesen, hätte man es früher angepackt.

Viele Jahre lang habe ich mich bemüht, den Menschen in meinen Kursen das Konzept *Lieber ein Gramm Vorbeugung als ein Pfund Heilung* nahezubringen. Vielleicht war es die Art, wie ich das Konzept vorstellte, vielleicht habe ich mich auch nicht präzise genug ausgedrückt, jedenfalls konnte ich in vielen Fällen nicht klarmachen, dass für uns und das Pferd alles viel leichter wird, je früher wir damit anfangen, unsere Führerschaft zu etablieren.

Dann, wie es der Zufall so will, passierte außerhalb meines Lebens mit Pferden etwas, das mir die Tür öffnete. Es geschah während eines Aikido-Seminars in unserem Dojo. Früher im Jahr hatte ich Gelegenheit gehabt, in einem wunderbaren kleinen Dojo in Flagstaff, Arizona, zu trainieren. Die Lehrer dort waren extrem erfahren, klug und hilfsbereit. Nach zwei Stunden anregenden Trainings fragte ich einen der Lehrer, Sensei Trent Boudreaux, ob er daran interessiert sei, in unserem Dojo in Estes Park ein Seminar über einige der Konzepte zu geben, an denen ich hier mit ihm gearbeitet hatte. Nach kurzer Diskussion der möglichen Daten und Themen, die er außerdem bearbeiten wollte, stimmte er zu.

Einige Monate später waren wir alle in unserem kleinen Dojo in Estes Park versammelt, und Sensei Trent hielt eine animierte Lehrstunde ab über Aikido-Techniken, vertraute und weniger vertraute. An einem Punkt rief er mich vor die Klasse, um mit mir eine bestimmte Technik zu demonstrieren. Er brauchte mich als *uke*, der ihm einen Stoß in die Körpermitte versetzen sollte, woraufhin er die Aikido-Technik einsetzen würde (in Aikido ist *uke* die Person, die angreift, während *tori* (oder *nage*) derjenige ist, der die Technik ausführt.). Zur gegebenen Zeit setzte ich also zu einem meiner Meinung nach kräftigen Hieb auf seinen Magen an. Sensei Trent verlagerte sein Gewicht um Millimeter nach hinten, und meine Faust kam überhaupt nicht in Berührung mit seinem *gi* (der traditionellen „Uniform" bei den Kampfsportarten), geschweige denn mit seinem Magen.

In den letzten Monaten hatten wir daran gearbeitet, die Techniken, an denen wir in unseren Klassen arbeiteten, in Einzelschritte zu zerlegen. Infolgedessen hatten die meisten unserer Hiebe und Stöße wenig Leben in sich, was es für die niedrigeren Gürtel einfacher machte, die Techniken langsam zu verarbeiten. Wie bei allem – Übung macht den Meister, und ich war allem Anschein nach Meister darin geworden, leblose Hiebe zu verteilen.

„Was war denn das?", sagte Sensei, als ich mit ausgestrecktem Arm vor ihm stand, die Hand harmlos vor seinem Bauch herunterhängend. Er tippte mir mit den Fingerspitzen der rechten Hand leicht an die Stirn und schickte mich zurück auf meine vorherige Position. Nächster Versuch. „Schlag zu, so fest du kannst", wies er mich an und zeigte auf den Punkt auf seinem Magen, den ich treffen sollte.

Ich schlug erneut zu, diesmal mit viel mehr Kraft, wie ich dachte. Wieder verlagerte Sensei sein Gewicht, und es kam nicht einmal zu einer Berührung. „Du bremst, bevor es zur Berührung kommt", erklärte er. „Versuch's noch mal. Und schlag diesmal richtig zu."

Ich ging zurück an meinen Platz und schlug wieder zu, diesmal mit deutlich mehr Kraft. Wieder verlagerte er sein Gewicht, und mein Hieb ging ins Leere.

„Okay", erläuterte Sensei der Klasse. „Das ist das Problem, das ich bei allen Schlägen an diesem Nachmittag sehe." Ich stand noch immer in der Position da, in der ich zugeschlagen hatte – den Arm ausgestreckt, die Faust, die ihn nicht berührte ... wie zum Standbild erstarrt (ziemlich typisch für einen *uke*, wenn der Lehrer etwas erklären will, was gerade geschehen ist). „Sie enden vor dem Ziel. Sie kommen nicht durch." Er schob meine Faust von seiner Mitte weg. „In einem halbherzigen Schlag steckt keine Energie. Er ist zu nichts gut. Wer lässt sich auf der Straße in einen Kampf ein und schlägt zu, ohne irgendjemanden zu treffen?"

Er winkte mir zu, zurückzutreten und es noch einmal zu versuchen. Dieses Mal schlug ich zu, als ob ich die Absicht hätte, ihn zu treffen, und endlich konnte er die Technik vorführen. Mit einer leichten Körperdrehung ging er aus dem Weg, und als ich an ihm vorbeischoss, berührte er meinen Arm und lenkte ihn leicht nach unten. Dann nahm er meine Faust und bog den Arm nach hinten, sodass ich rückwärts umfiel, woraufhin er meinen Arm festhielt, bis ich abklopfte (das Signal, dass die Technik erfolgreich gewesen und ich „außer Gefecht" war). Sein Timing war makellos, und in seiner Technik war eine Weichheit, die ich nie zuvor gefühlt hatte, obwohl ich diese spezielle Technik im Verlauf der Jahre Hunderte Male ausgeführt hatte.

„Wenn der *uke* seine Aufgabe richtig macht", sagte Sensei, als er mühelos von mir wegglitt, „ist alles einfach." Er stand auf und sah die Klasse an. Ich kniete in der Nähe. „Als *uke*", fuhr er fort, „könnt ihr nicht einfach zuschlagen oder -stoßen und dann abwarten, dass der Zauber wirkt. Ihr müsst dem *tori* etwas geben, mit dem er arbeiten kann. Ihr müsst euch engagieren. Das ist Aikido! Es dreht sich alles um Harmonie, um zwei Personen, die zusammenarbeiten – richtungweisend und ineinander übergehend. Es ist sehr schwer, etwas, das nicht da ist, eine Richtung zu geben!"

Während der nächsten Wochen dachte ich viel über das nach, was Sensei dort auf der Matte gesagt hatte, und kam zu dem Schluss, dass das Gleiche manchmal zwischen Reiter und Pferd passiert. Sensei hatte erwartet, diese wunderbar fließende Technik vorführen zu können, aber ich hatte ihm nichts gegeben, mit dem er arbeiten konnte. Ich lieferte Schläge ohne Leben ab und wartete dann auf den Zauber, der da kommen sollte. Ich war nicht „dabei".

Das ist genau das Gleiche, was wir bei Pferd und Reiter sehen. Vom Pferd werden Wunderdinge erwartet, wir dagegen bringen oft nicht genug Engagement auf, um diese Wunderdinge auch zutage zu fördern. Wir geben eine Hilfe oder ein Signal, lehnen uns zurück und warten auf das Wunder, das da kommen soll. Daraus folgt, dass wir in unserer Kommunikation mit dem Pferd Lücken lassen, manchmal sogar gähnende Lücken, und deshalb ist das Pferd gezwungen, Entscheidungen ohne uns zu treffen.

Es ist komisch, aber ich glaube, als ich anfing, Kurse zu geben, stellte ich mir wohl vor, dass ich hauptsächlich mit Leuten aus der Western-Szene oder der Rancharbeit zu tun haben würde. Schließlich war das mein eigener Hintergrund, hier lag mein Hauptinteresse. Sehr zu meiner Überraschung jedoch dauerte es nicht lange, bis Reiter aller Disziplinen einschließlich Springen und Dressur in meinen Kursen auftauchten.

Nun habe ich nie so recht begriffen, warum jemand ein Pferd – absichtlich – über ein Hindernis springen will. Es wollte mir nicht einleuchten, warum man über etwas springen sollte, wenn man auch genauso gut darum herum reiten konnte. Aber auch das bin natürlich wieder einfach ich. Nicht nur das, ich habe wirklich keine Ahnung vom Springen, jedenfalls nicht im klassischen Sinn.

Wenn also Reiter zu meinen Kursen kamen, die mit ihren Springpferden nicht zurechtkamen, versuchte ich nicht zu bluffen, sondern erklärte gleich zu Anfang, dass ich ein gutes Springpferd nicht von einem schlechten unterscheiden könne, außer dass ein gutes wohl dasjenige sei, das auch wirklich über den Sprung komme. War das geklärt, sah ich einfach zu, was sie gerade machten, fragte sie, ob sie das gewünschte Ergebnis erzielt hätten, und wenn dies nicht der Fall war, begannen wir mit der Arbeit mehr aus einer Kommunikations- als aus einer „Spring"-Perspektive heraus.

Einmal war eine Frau mit einem großen braunen Vollblüter zwei Mal über eine Folge von drei Hindernissen gesprungen. Nach jedem Sprung landeten sie weiter und weiter von der Ideallinie zum nächsten Sprung entfernt. Am letzten Hindernis der Dreier-Folge musste die Frau erheblichen Druck ausüben, um das Pferd zurück auf die Linie zu bringen, damit sie den Sprung überhaupt noch trafen.

Nach dem zweiten Durchgang kam sie zu mir herüber geritten und sagte leicht außer Atem: „Meine Trainerin glaubt, dass er nicht genügend ausbalanciert ist, um die Linie zu halten. Sie kann ihn steuern, aber sie ist auch viel stärker als ich."

„Eigentlich", zuckte ich die Schultern, „wirkt er auf mich recht gut ausbalanciert, jedenfalls jetzt." Ich ließ den letzten

Durchgang vor meinem geistigen Auge ablaufen. Es hatte alles recht gut ausgesehen, mit Ausnahme von einer Art leichtem Schwanken nach jeder Landung. Nichts wirklich Großes, ich konnte auch nicht genau sagen, was es war, aber nach jedem Sprung schien irgendetwas bei den beiden nicht zu stimmen.

„Er gerät nach dem Sprung ein bisschen ins Schwimmen", sagte ich. „Ein kleines bisschen am ersten, dann ein bisschen mehr am zweiten, sodass Sie ziemlich weg von der Linie sind, wenn Sie zum dritten kommen."

„Ich weiß", lächelte sie. „Aber was kann ich dagegen tun?"

„Springen Sie noch mal." Ich nickte in Richtung der Sprünge. „Ich glaube, es ist nur eine Kleinigkeit, aber ich weiß noch nicht genau, was."

Die Frau wendete das Pferd, trabte ein Mal außen herum und ritt dann das erste Hindernis, einen niedrigen Kreuzsprung auf der anderen Seite der Arena an. Ich stellte mich in der Platzmitte auf, um sie aus einem anderen Blickwinkel als vorher zu beobachten. Die zwei überwanden das Hindernis mit Leichtigkeit. Gleich nach der Landung zeigte sich wieder die minimale Schwankung, die mir aufgefallen war. Diesmal jedoch konnte ich aufgrund des veränderten Blickwinkels das Gesicht der Reiterin während des Sprungs erkennen. Zwischen dem Absprung und der Landung hatte sich in ihrem Gesichtsausdruck etwas verändert. Nicht viel, aber irgendetwas war anders.

Die zwei hatten den ersten Sprung in einem frischen Galopp genommen, aber auf den zweiten Sprung zu waren sie fast einen Meter neben der Ideallinie. Trotzdem kamen sie ohne größere Probleme hinüber. Als sie landeten, war wieder das minimale Schwanken zu sehen und der Wechsel im Gesichtsausdruck der Reiterin. Er hatte sich von ruhiger Bestimmtheit verändert zu einem Ausdruck von – mangels eines besseren Wortes – Erleichterung. Vor dem dritten Hindernis waren sie gut zwei Meter neben der Ideallinie, und das Pferd hatte einige Mühe, hinüberzukommen.

„Beantworten Sie mir eine Frage", sagte ich, als die beiden zu mir hergeritten kamen. „Was denken Sie, wenn Sie landen?"

„Was ich denke?" Die Frau überlegte. „Ich weiß nicht – nichts, vermutlich."

„Na gut, versuchen wir's noch einmal", lächelte ich wieder und nickte in Richtung Sprünge. „Und achten Sie diesmal darauf, was Ihnen durch den Kopf geht, wenn Sie über dem Sprung sind. Ich glaube, da liegt die Antwort, nach der wir suchen."

Sie ritt wieder an und absolvierte die Sprungfolge ziemlich ähnlich wie die vorigen Male. Nach dem letzten Sprung ritt die Frau zu mir herüber und lachte über das ganze Gesicht.

„Na?", fragte ich.

„Das klingt jetzt wahrscheinlich komisch", sagte sie mit einem halben Lächeln. „Aber wenn ich lande, denke ich: *Wow, ich hab's geschafft!*"

„Ich habe mich gefragt, ob es so etwas ist."

„Ach", sie lächelte immer noch ein wenig, „sieht man es mir so deutlich an?"

„Na ..." Ich strich dem Pferd über die Stirn. „Kann sein, dass Ihr Pferd das findet."

„Wirklich?" Ihr Lächeln verblasste. „Wie kann das, was ich bei der Landung denke, Einfluss darauf haben, wie ich den nächsten Sprung anreite?"

„Zuallererst", sagte ich und streichelte immer noch das Pferd, „zuallererst ist es wahrscheinlich weniger das, *was* Sie denken, als das, was Sie *nicht* denken. Wenn Sie daran denken, ob Sie den Sprung geschafft haben oder nicht – und Sie haben ihn bereits geschafft –, denken Sie nicht daran, wo und wie Ihr Pferd gerade galoppiert." Ich hatte den Eindruck, sie wollte etwas einwerfen, also legte ich eine Pause ein, aber sie sagte nichts. „Mit anderen Worten", fuhr ich fort, „das Pferd macht ein paar Galoppsprünge, ohne dass Sie wirklich reiten."

„Nicht reiten?", fragte sie. „Wie meinen Sie das?"

„Schön, betrachten wir es mal so." Ich trat einen Schritt zurück und sah hinüber zum ersten Sprung. „In der Zeit, in der Sie zu sich selbst sagen „*Wow, ich hab's geschafft!*, was ein paar Sekunden dauert, ist ein Pferd von dieser Größe im Galopp zehn Meter weiter." Ich deutete auf den Sprung und zeigte den Abstand von zehn Metern an. „Wenn Sie in dieser Zeit keine Anweisung geben, muss er raten, in welche Richtung er gehen soll – und auf zehn Metern hat er jede Menge Gelegenheit, von der Linie abzuweichen und nicht richtig an den nächsten Sprung heranzukommen."

Die Frau sah zum ersten Sprung und den zehn Metern Abstand, die ich aufgezeigt hatte.

„Wie lösen wir das?", fragte sie. „Angenommen, es ist wirklich so."

„Hören Sie nach dem Sprung nicht auf zu reiten", antwortete ich. „Konzentrieren Sie sich auf die Linie, die Sie reiten wollen, und dann reiten Sie das Pferd auf dieser Linie, noch bevor Sie über den ersten Sprung sind."

Um ihr zu helfen, nahm ich ein paar Kegel, die in der Nähe standen, und stellte einen ein paar Meter hinter den ersten und einen weiteren etwa im gleichen Abstand hinter den zweiten Sprung. Gleich nach der Landung sollte sie die Kegel jeweils auf der äußeren Seite passieren und sehen, ob es einen Unterschied ausmachte.

Der Wallach sprang das erste Hindernis mit Leichtigkeit und blieb auf den zweiten Sprung zu auf der Linie. Als sie den ersten Kegel passierten, war klar, dass sie passend zum zweiten Sprung kommen würden. Sie sprangen auch diesen problemlos, blieben auf der Linie zum dritten und überwanden diesen ohne jede Mühe.

„Wie war das?", fragte ich, als sie zu mir hergeritten kam.

„Das waren die besten Sprünge, die wir seit ungefähr einem Jahr gemacht haben", sagte sie mit einem breiten Lachen. „Aber so einfach kann das doch gar nicht sein."

„Versuchen Sie's noch mal", zuckte ich die Achseln. „Dann wissen wir es."

Die Runde verlief wie die zuvor, nur vielleicht noch etwas flüssiger, und der Vollblüter wirkte eher noch mehr im Gleichgewicht als zuvor.

„Wenn Sie wüssten, wie viel Geld ich schon für Trainer ausgegeben habe, um dieses Problem in den Griff zu bekommen", sagte die Frau, als sie das Pferd neben mir zum Stehen brachte. „Und ein Cowboy löst es innerhalb von zehn Minuten – indem er mir sagt, ich solle nach dem Sprung weiterreiten ..." Sie schüttelte den Kopf. „Jetzt weiß ich, wie es Dorothy im „Zauberer von Oz" zumute gewesen sein muss, als sie merkte, dass sie nur die Absätze zusammenschlagen musste, um nach Hause zu kommen."

Nur zu gern befassen wir uns mit dem Training unseres Pferdes. Das beginnt ja schon damit, dass wir ihm ein Halfter anlegen. Aber uns auf Dauer einsetzen – das ist eine andere Geschichte. Wie schon gesagt lassen sich die meisten dieser Probleme einfach auf mangelnde Kommunikation zwischen Pferd und Reiter zurückführen. Und bei der großen Mehrheit dieser Fälle von mangelnder Kommunikation läuft es darauf hinaus, dass der Reiter dem Pferd nicht die Hinweise gibt, die es braucht, um seine Aufgabe richtig zu erledigen, oder dass er, wie im Fall der Springreiterin, unbewusst eine kleine mentale Auszeit nimmt, während das Pferd noch bei der Arbeit ist.

Bitte missverstehen Sie mich hier nicht. Ich will damit nicht sagen, dass Pferde nicht intelligent genug seien, die von uns gewünschte Aufgabe auch ohne ständige Anweisung zu erledigen, denn sie sind intelligent genug. Die Welt ist voller Geschichten von Pferden, die ihre Aufgabe so gut kannten, dass sie unerfahrenen Menschen als Lehrmeister dienen konnten. Versteht das Pferd (oder der Mensch) jedoch die Beziehung zwischen beiden nicht richtig, braucht das Pferd meiner Meinung nicht nur ein bisschen mehr Führung, es fühlt sich damit auch viel wohler.

Überlassen wir zufällig oder unbemerkt die meisten Entscheidungen dem Pferd, können wir ihm auch die Rolle des Führenden übertragen. Das kann dazu führen, dass das Pferd für uns Entscheidungen trifft, die es aus unserer Sicht besser nicht getroffen hätte, und damit beginnt der Ärger.

Die entsprechenden Anweisungen, damit dies nicht passiert, sind überraschend einfach. Der Reiter braucht sich bei der Arbeit mit dem Pferd nur drei kleine Fragen zu stellen:

1. *Entspricht das Tempo dem, was ich mir wünsche?*
2. *Bewegen wir uns in die von mir gewollte Richtung?*
3. *Kommen wir dort hin, wo ich hinwollte?*

Lautet die Antwort auf eine dieser Fragen nein, wäre es an der Zeit, etwas dagegen zu unternehmen. Leider stellen wir uns diese Fragen selten bis nie, und deshalb merken wir es vielleicht nicht einmal, wenn die Dinge anfangen, ein wenig schiefzulaufen. Und selbst wenn wir es merken, lassen wir oft zwischen dem, was das Pferd getan hat, und dem, was wir dagegen zu tun versuchen, so viel Zeit verstreichen, dass es dem Pferd schwerfällt, eine Verbindung herzustellen zwischen dem, was es getan hat und dem, was wir eigentlich von ihm wollten.

Es gibt verschiedene Gründe, warum es uns so schwerfällt, dem Pferd zur rechten Zeit die richtige Anweisung zu geben. Einer ist schlicht mangelnde Aufmerksamkeit unsererseits. Manchmal erkennen wir nicht, was das Pferd tut, obwohl wir genau danebenstehen und ihm dabei zusehen. Ich weiß, das klingt unmöglich, es kommt aber erstaunlich oft vor, öfter als man sich vorstellen kann.

Ein weiterer Grund könnte eine Art Gleichgültigkeit des Reiters sein. Nicht wenige Pferdeleute sind einfach glücklich, wenn sie mit ihren Pferden zusammen sein können, und was das Pferd auch tut und wie es dies tut, es ist ihnen recht. Für mich ist dagegen überhaupt nichts einzuwenden, solange es das ist, was die Menschen in ihrer Beziehung zum Pferd suchen. Pferde zu halten und zu besitzen sollte für beide Teile ein Quell der Freude und des Glücks sein, und ich finde in dieser Hinsicht alles wunderbar, solange niemand dabei in Gefahr gerät.

Was den Menschen außerdem zu schaffen macht, sind einige der Ideen, die heutzutage bezüglich des Umgangs mit und der Haltung von Pferden im Schwange sind. Eine dieser Ideen besagt, dass das Pferd, sobald es sich unter dem Reiter oder bei der Bodenarbeit in Bewegung gesetzt hat, für die Einhaltung von Gangart, Tempo und Richtung selbst verantwortlich ist. Dieser Gedanke ist keineswegs ganz abwegig, besonders wenn das Pferd seine Arbeit im Schlaf kennt, aber es kann zu unnötigen Problemen führen, einem Pferd schon in einem frühen Stadium der Ausbildung so viel Spielraum zu lassen, und es kann ziemlich lange dauern, bis diese Probleme wieder ausgeräumt sind.

Über die größten Probleme, die ich mit dieser Einstellung habe, haben wir bereits gesprochen. Zu viel Spielraum kann leicht zu Missverständnissen zwischen Mensch und Pferd führen. Besonders wenn wir dem Pferd beizubringen versuchen, dass es für die Einhaltung von Gangart, Tempo und Richtung selbst verantwortlich ist, könnte es nicht nur versagen (was sehr wahrscheinlich ist), sondern es könnte auch dazu führen, dass wir das Pferd andauernd korrigieren müssen, was für das Pferd beträchtlichen Stress bedeutet.

Sehen Sie, gewöhnlich läuft es doch so, dass wir das Pferd in einem gewissen Tempo in eine gewisse Richtung losschicken und ihm dann, damit es lernt, Verantwortung für sein Tun zu übernehmen, keine weiteren Anweisungen mehr geben. Praktisch ohne jeden Kontakt zu uns macht das Pferd nach einer Weile, was Pferde eben so machen: Es trifft eine Entscheidung und macht etwas anderes. Vielleicht wird es langsamer oder es hält an oder es ändert die Richtung ... Erst nachdem das Pferd eine Entscheidung getroffen und diese Entscheidung schließlich in die Tat umgesetzt hat, schreiten wir endlich ein und erklären ihm, dass es das Falsche gemacht hat.

Diese Art der Ausbildung – ob mit oder ohne Absicht – kann für das Pferd nicht nur sehr viel Stress bedeuten, sie ist auch sehr verwirrend. Schließlich sagen wir ihm (durch unsere Untätigkeit), dass uns alles, was es tut, recht ist, und wenn es dann etwas tut, greifen wir ein und erklären ihm, dass es falsch war! Natürlich glauben wir in diesem Fall, dass das Pferd von sich aus Tempo, Richtung und Gangart aufrechterhalten sollte. Das Pferd seinerseits glaubt, dass es ihm, ohne Kontakt zu uns, so ziemlich freigestellt ist, seine eigenen Entscheidungen zu treffen – als ob es allein auf der Weide wäre. Und so verhält es sich dann.

Ein weiteres Problem bei dieser Art von Ausbildung besteht darin, dass das Pferd unsere Untätigkeit leicht als Mangel an Führung sehen und sich genötigt fühlen könnte, die Führungsrolle selbst zu übernehmen. Wenn der Mensch nicht Anführer sein will, muss es eben jemand anders sein! Außerdem kann das Pferd schließlich niemandem folgen, der gar nicht führt. Und nicht nur das: Hat das Pferd erst einmal das Gefühl, dass der Führerschaft des Menschen nicht zu trauen ist, kann es für den Menschen sehr schwierig werden, dieses Vertrauen und damit die Führungsrolle zurückzugewinnen.

Im Verlauf der Jahre haben sich viele Kursteilnehmer darüber beschwert, dass das Pferd im Allgemeinen gut geht, solange sie zu Hause sind, aber völlig durchdreht, wenn es in eine andere Umgebung kommt. Solange das Pferd sich in vertrauter Umgebung befindet, auf dem heimischen Platz oder in der näheren Umgebung des Stalls, fühlt es sich in seiner Führungsrolle wohl. In einer fremden Umgebung dagegen, wenn das Pferd nicht weiß, was es tun oder wohin es gehen soll, kann es leicht zum völligen Zusammenbruch des Systems kommen.

Aus der Sicht des Pferdes hat der Mensch nicht geführt, als die Dinge gut liefen. Warum also sollte es uns die Führungsrolle anvertrauen, wenn sie schlecht laufen?! Innerhalb kürzester Zeit gerät das Verhalten des Pferdes außer Kontrolle, der Mensch weiß nicht mehr, was er tun soll, und die Situation verschlimmert sich immer weiter.

Dieses Verhalten ist auch bei anderen Haustieren zu beobachten. Wie oft haben wir schon gesehen (oder selbst erlebt), dass Hunde ihre Besitzer an der Leine hinter sich herziehen, wegen nichts und wieder nichts in wahre Bellorgien verfallen, an anderen Menschen hochspringen, obwohl sie das nicht tun sollen, nicht kommen, wenn sie gerufen werden … Sie wissen schon, was ich meine. In den meisten Fällen kommt dies daher, dass der Besitzer dem Tier nicht genügend Anleitung gegeben hat, was richtig und falsch ist, und es dauert dann nicht lange, bis diese Art von Hunden, selbst die Allerkleinsten, den ganzen Haushalt übernehmen!

Und doch können Hunde, die für Agility trainiert sind, unangeleint in hohem Tempo einen höchst anspruchsvollen Hindernisparcours absolvieren, wobei sie sich oft nur nach der Körperhaltung ihres Halters oder dem Tonfall seiner Kommandos richten. Schon bevor sie das eine Hindernis vollständig bewältigt haben, wissen sie, wie und wo es weitergeht.

Mensch und Hund stehen in ständiger Kommunikation mit-
einander, und wenn dies gut klappt, ist es ein erstaunliches
Schauspiel. (Interessante Randnotiz: Die Anleitung, die die
Besitzer während eines solchen Agility-Parcours geben, lassen
sich in drei Worten zusammenfassen: Tempo, Richtung und
Ziel.)

Meistens sind die Leute sehr überrascht, wenn sich he-
rausstellt, dass ihre Probleme mit den Pferden sich ganz einfach lösen lassen. Eingreifen und dem Pferd zum richtigen
Zeitpunkt eine Führung geben kann nicht nur ein ängstliches
Pferd sehr schnell beruhigen, es kann auch dazu beitragen, dass das Pferd uns als Anführer sieht, dem es vertrauen
kann – und das ist alles, was die meisten Pferde wollen. Die
Erfahrung lehrt, dass es in der Ausbildung keine Probleme
mehr gibt, wenn diese Verbindung zwischen Mensch und
Pferd erst hergestellt ist.

Schlussendlich glaube ich, dass es bei Lösungen nicht
darum geht, herumzusitzen und darauf zu warten, dass der
Zauber wirkt. Auch nicht darum, die neuesten Hilfszügel und
-geräte auf dem Markt zu erwerben oder eine perfekte Technik
zu erlernen. Es gibt keinen Zauber, und Hilfszügel und Techniken sind nur so gut wie der Mensch, der sie einsetzt. Für
mich geht es darum, dass man sich selbst einsetzt und dem
Pferd eine Anleitung gibt – sich Mühe gibt, Fehler macht, sich
korrigiert ... hinfällt, schnell wieder aufsteht ... und vor allem
Teil der Entwicklung wird. Kurz gesagt: Lernen, wie wir unser
Sehen, Tun, Fühlen und Verstehen verbessern können.

Für einige klingt das vielleicht zu viel des Guten. Anderen mag es einfach erscheinen. Auf jeden Fall glaube ich, bevor wir von den Pferden erwarten können, dass sie uns ihr
Bestes bieten, müssen wir den besten Weg finden, um ihnen
von uns aus das Beste bieten zu können. Und da innen drin –
in dem Raum, in dem jeder sein Bestes gibt – ist vielleicht der
Ort, wo die Harmonie uns erwartet.

ENERGIE

Wenn es etwas gibt, was ich an meinem Heimatort in Colorado weniger schön finde, dann ist es der unaufhörliche Wind, der im Winter durch unser Gebiet fegt. Er beginnt meist schon gegen Ende September und kann bis März oder manchmal sogar bis April oder Mai anhalten.

Im Winter brechen Stürme von Kalifornien, von Washington oder Montana über Colorado herein und bringen riesige Schneemengen sowie eine unbarmherzig kalte Luft aus Kanada mit sich. Die Winterstürme aus Kalifornien sammeln Kraft und Feuchtigkeit, wenn sie über die Sierras streichen. Dann rasen sie durch Nevada und Utah, rennen gegen die Colorado Rockies an und bleiben dort meistens hängen, wobei sie ihre Schneelasten auf das westliche Colorado abladen, wo sich die Skigebiete befinden.

Stürme aus Washington oder Montana gewinnen bei ihrer Passage durch Idaho, Utah und Wyoming an Tempo und Feuchtigkeit. Auch sie werden von den Bergen abgeblockt und laden riesige Schneemassen an den westlichen Hängen ab.

Für uns bedeutet Schnee im Allgemeinen kein großes Problem. Zu uns und unseren östlichen Hängen gelangt die Feuchtigkeit nur selten; die Rockies, die große kontinentale Wasserscheide, halten sie auf. Was aber durchkommt, ist der Wind. Tagelanger, manchmal wochenlanger Wind, grauenhafter, durch Mark und Bein dringender Wind, der mit Milchkannen und Fensterläden scheppert. Windgeschwindigkeiten von bis zu über hundert Stundenkilometern sind keine Seltenheit, genug, um kleinere Laster und Wohnwagen von der Straße zu wehen und die von Nord nach Süd verlaufenden High-

„Es stimmte: Gimble hatte praktisch so gut wie überhaupt kein Tempo."

ways unpassierbar zu machen. Zu diesen Winden gehört natürlich auch Eiseskälte, und wenn der Wind mit über zweihundert Stundenkilometern daherheult, braucht es gar keine besonders tiefen Temperaturen, um *wirklich* kalt zu sein.

Deshalb hatten wir schon ziemlich früh beschlossen, dass der Winter die perfekte Zeit für Kurse im südlichen Teil der Staaten war – überall, wo es einigermaßen warm ist, wo die Sonne sich wenigstens ab und zu sehen lässt und wo einen der Wind nicht umbläst, wenn man auf die Straße geht.

Deshalb hielten wir diesen speziellen Kurs nun in Südkalifornien ab – zum Teil, um aus dem Wind herauszukommen, zum Teil auch, weil wir dorthin schon seit Jahren eingeladen waren, es terminmäßig aber vorher nie geschafft hatten.

Am ersten Tag schlingerte als zweite Teilnehmerin eine Dame auf einem großen braun-weißen Paint Horse namens Gimble in die Bahn. Mary war eine freundliche, zierliche Mittdreißigerin und sah im Sattel ihres gescheckten Riesen von über 1,60 Meter Stockmaß noch kleiner aus, als sie war. Das lange braune Haar war zu einem Pferdeschwanz gebunden und hing ihr unter einer Baseball-Kappe mit der Aufschrift *BUBBA GUMP SHRIMP COMPANY* auf dem Rücken.

„Was kann ich für Sie tun?", fragte ich, nachdem wir uns vorgestellt hatten.

„Gimble und ich haben ein Tempoproblem", antwortete sie mit einem Lächeln.

„Aha", nickte ich. „Was für eine Art Tempoproblem?"

„Wir haben kein Tempo." Sie lächelte immer noch. „Haben Sie gesehen, wie schnell wir in die Bahn gekommen sind?"

„Ja." Es war Schritt gewesen, aber gerade noch.

„Na ja. Das war eine unserer zwei Gangarten."

„Aha. Und was ist die zweite?"

„Der Halt."

Alle lachten, und ich bat Mary, mit Gimble um den Platz zu reiten, damit wir uns ansehen konnten, wie sie miteinander zurechtkamen. Es stimmte: Gimble hatte praktisch so gut wie überhaupt kein Tempo. Sein Schritt sah kaum anders aus als der Halt, nur dass seine Beine sich bewegten.

„Das ist alles?", fragte ich, nachdem sie etwa zwanzig Meter zurückgelegt hatten.

„Das ist eigentlich sogar ein bisschen besser als sonst", sagte sie, immer noch lächelnd, und trieb Gimble an, indem sie ihm kraftlos die Absätze in die Flanken drückte, im Sattel vor und zurück schaukelte und ihm mit den Zügeln auf den Hals schlug. „Ich denke, weil er in der neuen Umgebung ein bisschen aufgeregt ist."

„Das ist bei ihm aufgeregt?" Ich versuchte, nicht allzu überrascht zu klingen.

„Ja." Mary versuchte immer noch, ihn in Bewegung zu bringen, aber er wurde jetzt nur noch langsamer. „Ob Sie es glauben oder nicht."

Ich ließ Mary anhalten, damit wir darüber sprechen konnten. Es stellte sich heraus, dass sie sich vor einigen Jahren beim Sturz von einem anderen Pferd verletzt und einige Zeit gebraucht hatte, um seelisch darüber wegzukommen. Sie hatte das Pferd verkauft und später, als sie nach einem neuen, sichereren Pferd suchte, eine Verkaufsanzeige für Gimble gesehen. In der Anzeige wurde er als „so ruhig wie eine tote Maus" bezeichnet, und da dies klang, als ob es Marys Vorstellungen entsprechen könnte, fuhr sie hin und sah ihn sich an.

Der Besitzer ritt Gimble vor, und er ging in allen drei Grundgangarten offensichtlich problemlos vorwärts. Bevor sie ihn kaufte, hatte auch Mary ihn geritten und ihn so ruhig gefunden, wie es in der Annonce stand, auf dem Platz ebenso wie im Gelände.

In den drei Jahren, die sie das Pferd jetzt hatte, war sie hauptsächlich im Schritt im Gelände spazieren geritten und hatte ein paar Reitstunden bei einem dortigen Reitlehrer genommen. Inzwischen hatte sie ihr Selbstvertrauen wieder zurückgewonnen und war bereit, sich auch in schnelleren Gangarten zu versuchen, aber in den vergangenen drei Jahren hatte sie Gimble zu verstehen gegeben, dass sie langsam gehen wollte, und das hatte er perfekt verinnerlicht.

Mary erzählte, dass die Reitlehrerin, die versucht hatte, ihr mit Gimbles mangelndem Vorwärtsdrang zu helfen, sie zu Gerte und Sporen überredet hätte, es hatte aber nicht viel gebracht. Er ging zwar schneller, aber nicht sehr lange und nicht sehr weit. Mary war mit ihrem Gimble zum Kurs gekommen, weil sie hoffte, ihren toten Punkt überwinden und endlich wieder in Bewegung kommen zu können.

Es war von Anfang an klar, dass Gimble ein wirklich nettes Pferd war, sehr gutmütig und mehr als bereit, alles zu tun, was Mary wollte. Allerdings passte das, was Mary wirklich wollte, nicht so recht zu der Art, wie sie es verlangte. Damit will ich sagen, dass sie zwar die Signale für „vorwärts" gab, dabei aber eine Energie aufwandte bzw. nicht aufwandte, die sagte: „Bleib hier stehen." So ergeht es einem Kind im Supermarkt: Es möchte Süßigkeiten, aber Mama und Papa haben nein gesagt, und nun sitzt es da und brüllt, was das Zeug hält. Das heißt es macht eine Menge Lärm, aber es kommt nichts dabei heraus.

Bei ihren Versuchen, Gimble zu schnelleren Gangarten zu bewegen, klopfte Mary mit den Absätzen, schaukelte im Sattel vor und zurück und schlug mit den Zügeln auf den Pferdehals – sie machte eine Menge Lärm, aber es kam nichts dabei heraus. Was das Pferd wollte und brauchte, war, dass Mary *sich selbst* einbrachte, und das war das Einzige, was sie nicht tat.

Für den Anfang verzichteten wir auf zwei der körperlichen Hilfen, die Mary einsetzte, und beschränkten uns auf eine einzige. Im Sattel schaukeln und mit den Zügeln schlagen war passé, was blieb, war die Schenkelhilfe. Dann arbeiteten wir daran, die Hilfe etwas klarer und präziser zu entwikkeln, und tatsächlich reagierte Gimble nach einer Weile besser. Allerdings beschränkte sich dieses „besser" auf den Übergang vom Halt zum Schritt. Der Schritt selbst war nicht wirklich schneller – noch nicht.

„Ich möchte, dass Sie etwas versuchen", sagte ich zu Mary, als die Stunde zu Ende ging. „Ich möchte, dass Sie den restlichen Tag, immer wenn Sie von einem Ort zu andern gehen – nicht wenn Sie reiten –, dass Sie dann darauf achten, wie Sie gehen und wie viel Energie Sie dafür aufwenden."

„Ich bin nicht sicher, was Sie meinen", sagte sie leicht verwirrt.

Ich erklärte, wie wir Menschen als Kinder die Kunst des Gehens meistern lernen. Später denken wir dann nie mehr darüber nach, *wie* wir gehen oder was genau wir machen, wenn wir schneller oder langsamer werden wollen. Wir denken nur dann darüber nach, wie wir gehen, wenn wir uns den Zeh anstoßen, den Knöchel verstauchen oder uns das Knie aufschlagen. Dann *müssen* wir darüber nachdenken. Ansonsten laufen – oder vielmehr gehen – wir mehr oder weniger auf Autopilot.

Weil wir nicht darüber nachdenken, wie wir gehen und wie viel Energie wir dafür aufwenden, sind wir uns der Veränderungen, die in unserem Inneren stattfinden, damit wir je nach Bedarf schneller oder langsamer werden, nicht immer voll bewusst. Es gibt diese Veränderungen aber. Wenn uns bewusst wird, was sich da in uns verändert und wie sich die Energie in unserem Inneren verlagert, können wir diese Verlagerungen von Energie dazu benutzen, mit unserem Pferd auf diesem Niveau zu kommunizieren.

Im Anschluss an den Kurs und den Morgen über sah ich immer mal wieder Mary mit und ohne Pferd herumgehen, Freunde besuchen, beim Kurs zuschauen und sich sonst wie beschäftigen. Ich konnte nicht sicher sein, ob sie die Hausaufgabe, die ich ihr gegeben hatte, ernst genommen hatte, jedenfalls deutete äußerlich nichts darauf hin. Ich dachte daran, sie daran zu erinnern, fand aber dann, wir würden es sowieso bald merken, ob sie etwas getan hatte oder nicht. Wenn sich zwischen ihr und ihrem Pferd am nächsten Tag etwas verändert hätte, wüsste ich, dass sie daran gearbeitet hatte. Hätte sich nichts verändert, hätte sie vermutlich auch nichts dafür getan.

Aber dann sah ich Mary gegen Mittag wieder, drüben am Paddock, in dem ihr Pferd stand. Sie hatte Gimble ein paar Lagen Heu gebracht und war im Begriff, zu uns anderen, die wir unter einem großen Zeltdach beim Essen waren, zurückzukehren. Sie schloss das Tor, drehte sich um, als wolle sie in unsere Richtung gehen, und blieb dann abrupt stehen. Mit dem Blick starr auf ihre Füße geheftet, als seien sie am Boden festgenagelt und könnten sich nicht bewegen, stand sie ein paar Sekunden regungslos da.

Dann ging sie sehr langsam und mit Bedacht einen

Schritt zurück bis zu dem Tor, das sie gerade hinter sich geschlossen hatte. Am Tor schaute sie wieder ein paar Sekunden
auf ihre Füße und machte dann langsam und bedächtig mit
dem rechten Fuß einen Schritt nach vorn. Bevor sie ihn jedoch
am Boden aufsetzte, verhielt sie auf halbem Wege in der Luft
und setzte ihn langsam wieder zurück. Sie wartete ein paar
Sekunden und hob dann wieder den Fuß, verhielt aber wieder
auf halbem Wege und setzte ihn zurück.

Das machte Mary einige Male, bevor sie endlich wirklich
einen Schritt vom Tor wegging. Danach blieb sie wieder stehen, als ob sie die Muskeln studieren müsste, die sie für diese
spezielle Bewegung eingesetzt hatte. Dann hob sie mit der
gleichen bedächtigen Sorgfalt den linken Fuß. Es folgte der
rechte Fuß ... dann wieder der linke. Nach weiteren drei langsamen Schritten blieb sie erneut stehen, ging rückwärts zum
Tor und wiederholte den Vorgang.

Eine andere Reiterin, die nach dem Essen an der Reihe
war, kam zu mir her und fragte, womit sie in ihrer Stunde beginnen sollte. Als wir alles besprochen hatten, wandte ich meine Aufmerksamkeit wieder Mary zu, die inzwischen fast den
ganzen nicht unbeträchtlichen Weg zwischen Paddock-Tor
und Essenszelt zurückgelegt hatte. Jetzt aber wechselte sie ab,
ging einmal langsam, einmal schneller, blieb stehen, ging weiter und joggte sogar eine Strecke.

Am nächsten Tag ritten Mary und Gimble in einem
Schritt, der viel schneller und zielbewusster war als alles, was wir
am Vortag gesehen hatten, auf den Platz. „Das sieht ein bisschen
anders aus", sagte ich, als die beiden an mir vorbeikamen.

„Ja!", rief Mary aus. „Ist das nicht toll?" Sie ritt einen
großen Kreis um mich und mein Pferd Buck herum, ohne
dass Gimble auch nur ein Mal an Tempo verloren hätte. „Ich
habe ihn im Gelände abgeritten, bevor ich herkam", lachte sie
übers ganze Gesicht. „Schauen Sie sich das an."

Die beiden gingen auf die lange Seite der Bahn und ritten am Zaun entlang. Nach wenigen Metern trabten sie mühelos an und umrundeten fast den ganzen Platz in einem hübschen kleinen Jog, wie ich ihn schon länger nicht mehr gesehen hatte.

„Jetzt passen Sie auf", sagte sie, als sie auf mich zukam. Gimbles Trabtritte wurden länger und schneller, sodass Mary gezwungen war leichtzutraben. Wieder rauschten sie an mir vorbei und die lange Seite hinunter. Am Ende wendeten sie und kamen wieder in meine Richtung, und gerade, als sie aus der Wendung kamen, galoppierte Gimble an und zeigte einen schönen, mühelosen Lope. Mary konnte sich das Kichern nicht verbeißen, als sie an mir vorbeigaloppierte.

„Ich brauche nur zu denken, und er tut es!", rief sie, als sie wendeten und wieder zurückkamen. Die Zuschauer brachen in spontanen Beifall aus.

Als ich später mit Mary sprach, erklärte sie, wie mühsam es anfangs für sie gewesen sei, ihre eigene Bewegung in Einzelschritte zu zerlegen, wie ich es verlangt hatte. Tatsächlich hatte sie es so schwierig gefunden, dass sie es fast sofort wieder aufgegeben hatte, und das war kurz nach ihrer Reitstunde am Vortag gewesen. Wenn es ihr aber ernst war mit dem Wunsch, besser zu werden, kam sie, das wurde ihr bald klar, nicht umhin, es mit etwas anderem als bisher zu versuchen, und deshalb hatte sie kurz vor dem Mittagessen wieder angefangen. Dabei hatte ich sie beobachtet.

„Es ist erstaunlich, was alles im Körper abläuft, wenn man etwas so Einfaches tut wie den Schritt zu beschleunigen." Sie lachte. „Ich hatte keine Ahnung."

„Ich weiß", entgegnete ich. „Aber schauen Sie, was passiert, wenn Sie anfangen, darauf zu achten, und es dann an Ihr Pferd weitergeben. Es wird alles so viel einfacher."

„Mann, da haben Sie Recht", sagte sie, immer noch lächelnd. „Es ist verblüffend. Als es bei mir klick machte und ich anfing zu spüren, was vorging, habe ich den ganzen Tag gestern daran gearbeitet, dann die ganze Nacht und heute den ganzen Morgen, bevor ich zu Gimble gegangen bin. Schon bevor ich ihn aus dem Paddock geholt habe, hat er mich anders angesehen. Als ob er sagen wollte: *Okay, jetzt sind wir im Gespräch. Dann mal an die Arbeit!* Als ich aufsaß, fühlte er sich total verändert an. Er war viel wacher als sonst, als ob er sofort loslegen wollte. Also haben wir losgelegt!" Sie machte eine Pause. „Wie cool ist *das* jetzt?"

Für die meisten Leute ist es eine Überraschung, wenn sie feststellen, welchen Einfluss ihre Energie, ob zu viel oder zu wenig, auf die Reaktionen ihres Pferdes hat. In Marys Fall brachte sie zu wenig Energie auf, und das Pferd reagierte entsprechend. Wer zu viel Energie einbringt, bekommt vom Pferd meist mehr Energie zurück, als er wirklich wollte. Mir scheint, die meisten Leute suchen nach so etwas wie einem Mittelweg.

Das Problem ist, dass unser Fokus und unsere Absicht leicht ablenkbar sind, sodass unsere Energie am falschen Platz ankommt. Hier ein Beispiel, mit dem wir immer wieder zu illustrieren versuchen, worauf es ankommt. Sagen wir, Sie stehen nachts auf einem Parkplatz, und plötzlich kommt jemand, packt Sie beim Handgelenk und versucht, Sie wegzuziehen. Bei den meisten Menschen zielen Fokus und Absicht einzig und allein auf die Tatsache, dass man sie beim Handgelenk gepackt hat, weshalb sie versuchen, sich von dem Angreifer loszureißen. Weil sie darin ihre ganze Energie investieren, bleibt ihnen keine mehr für die wirkliche Aufgabe: sich zu verteidigen oder wegzulaufen.

Je mehr sie sich auf ihr Handgelenk konzentrieren und versuchen, sich loszureißen, umso mehr Macht verleihen sie dem Angreifer. Was die meisten Menschen in solch einer Situation nicht verstehen, ist, dass der Angreifer zwar ihr Handgelenk hat, sie selbst aber frei über alles andere verfügen. Sie haben ihre Füße, die Beine, den Kopf, die Stimme, den anderen Arm mit Hand – sie haben sogar den Arm und die Hand, die zu dem gepackten Handgelenk gehört. Weil all unser Fokus, unsere Absicht dem Handgelenk gilt, das der Angreifer gepackt hält, geben wir im Grunde alles andere auf und überlassen es dem Angreifer.

Wenn sich ein Pferd zu schnell oder, wie in Marys Fall, zu langsam bewegt, gelten unser Fokus und unsere Absicht größtenteils der Tatsache, dass das Pferd zu schnell oder zu langsam ist. Daraufhin setzen wir irgendwelche Hilfen oder Signale ein, um das Pferd entweder langsamer oder schneller zu machen. Das einzige Problem ist, dass sich Fokus und Absicht dann oft fast ausschließlich auf die Hilfen richten, die wir geben, und dahin geht dann auch der Großteil unserer Energie.

Wohin unsere Energie *nicht* geht, ist dahin, wo sie gebraucht wird. In Marys Fall hätte die Energie in die Vorwärtsbewegung gehen sollen, die sie von ihrem Pferd verlangte. Dafür aber hatte sie keine Energie. Die ging ausschließlich in so seltsame Dinge wie mit den Armen flappen, im Sattel herumschaukeln und mit den Beinen rudern.

In manchen Ausbildungskreisen wird diese Art von Bewegung tatsächlich gelehrt, unter dem Motto: *Leben hineinbringen*, also Leben in ein faules Pferd bringen, es dazu bringen, sich schneller und ausdrucksvoller zu bewegen. Leider trägt diese Art von Bewegung nur selten dazu bei, Leben in Reiter oder Pferd zu bringen, sondern kann in Wirklichkeit sogar mehr Probleme verursachen, als sie löst.

Denken Sie immer daran: Je besser im Gleichgewicht ein Tier ist, desto effizienter und besser kann es sich bewegen. Umgekehrt kann es sich umso weniger effizient und gut bewegen, je weniger es im Gleichgewicht ist. Das bedeutet, je mehr

Bewegung vonseiten eines nicht ausbalancierten Reiters auf dem Pferderücken stattfindet, desto mehr gerät auch das Pferd aus dem Gleichgewicht und desto schwerer fällt es ihm, sich zu bewegen. Je schwerer dem Pferd die Bewegung fällt, desto langsamer wird es. Je langsamer es geht, desto mehr bewegt sich der Reiter – für beide Beteiligten ein Teufelskreis, der gewöhnlich damit endet, dass der Reiter zu Sporen und/oder Gerte greifen muss, um das Pferd überhaupt in Bewegung zu setzen. Selbst dann bringt das Pferd bestenfalls unwillig so etwas wie Leistung.

Wenn davon die Rede ist, dass ein Reiter mehr Energie (oder wie manche es nennen würden, mehr Leben) aufbringen soll, muss ich sagen, dass ich für meinen Teil nicht daran glaube, dass Energie (oder Leben) von seltsamen und oft bedeutungslosen Bewegungen im Sattel kommt. Eher glaube ich, dass Leben/Energie im *Innern* des Reiters entsteht und sich dem Pferd über Fokus und Absicht des Reiters mitteilt.

Allerdings sind viele Pferde schon so ausgebildet worden, dass sie Fokus und Absicht des Reiters nicht beachten, sondern *ausschließlich* auf mechanische Hilfen oder Signale reagieren. Das bedeutet, dass ein Reiter, der damit anfängt, Fokus und Absicht (Energie) einzusetzen, die Absicht zunächst vielleicht noch mit einem mechanischen Signal, das dem Pferd vertraut ist, untermauern muss, zum Beispiel mit einer Schenkelhilfe. Vorausgesetzt, die Hilfen werden klar und präzise gegeben, wird es jedoch sehr bald zu Ergebnissen wie im Fall von Mary kommen.

Die Frage lautet dann: Wie bringt man diese innere Energie auf? Nun, ein ganz einfacher Weg ist das, was ich Mary empfohlen habe. Fangen Sie damit an, Ihren Gang zu studieren: was es braucht, damit Sie schneller oder langsamer gehen, zunächst allein, ohne Pferd. Spüren Sie den inneren und äußeren Veränderungen nach, wenn Sie schneller gehen. Wenn wir wirklich auf unseren Körper achten, können wir diese Veränderungen fühlen, besonders die im Innern. Dann geht es nur noch darum, diese Veränderungen kontrolliert abrufen zu lernen und sie dann dem Pferd vom Sattel aus zu vermitteln.

Die Fähigkeit, diese inneren Veränderungen willentlich beeinflussen zu können, ohne dass der Körper sich sichtbar bewegt, ist für viele das Geheimnis, wie man die Energie, das „Leben" eines Pferdes steigert oder absenkt. Ich weiß, das klingt seltsam: die inneren Veränderungen willentlich beeinflussen, ohne dass der Körper sich sichtbar bewegt. Aber wenn Sie auf einem Stuhl sitzen und überlegen, was Ihr Körper bräuchte, wenn Sie jetzt ganz schnell durchs Zimmer gehen würden, würden Sie wahrscheinlich spüren, wie sich die Energie, von der wir gerade sprachen, in Ihnen aufbaut.

Die meisten Menschen sagen, dass dieses Gefühl im unteren Brustbereich beginnt, etwas unterhalb vom Brustbein und ein wenig oberhalb vom Magen. Einmal beschrieb jemand – eine fanatische Basketballspielerin – das Gefühl als ähnlich der Erregung, wenn sie ein gutes Baseballspiel ansah. Obwohl sie nicht aktiv am Spiel teilnahm, baute sie allein vom Zuschauen innerlich so viel Energie auf, dass sie selbst hätte spielen können.

Ein anderer meiner Schüler sagte, wenn er sein Pferd schneller machen wolle, ohne eine Hilfe dafür zu geben, stelle er sich vor, dass jemand eine Handvoll Geldscheine in die Luft geworfen hätte und er zur Stelle sein müsse, um die Hundert-Dollar-Noten aufzufangen, bevor jemand anders sie erwischte. Ein anderer stellte sich vor, dass er zu einer Scheune sprinten müsse, um das Tor zu schließen, weil ein Sturm im Anzug wäre. Wie ihre Begründung auch aussah: Diese Leute hatten die Energiequelle angezapft, die jeder von uns besitzt. Sie stellen eine Verbindung zu sich selbst her und präsentieren diese Verbindung dann ihrem Pferd. Es endet mit einem Gefühl, als ob wir einen mühelosen, langen Spaziergang in frischem Tempo machen würden, nur dass die Bewegung von den Pferdebeinen kommt statt von den unseren.

Es gibt in der Welt viele Kulturen, die glauben, dass im Universum alles auf die eine oder andere Weise mit allem anderen in Verbindung steht. Wenn zum Beispiel eine Tierart ausstirbt, betrifft dies auf die eine oder andere Weise auch alle anderen Tierarten. Ich glaube es war Einstein, der einmal sagte, der Planet Erde würde in weniger als fünf Jahren zur Wüste werden, falls die Honigbiene plötzlich ausstürbe.

Auf jeden Fall ist einer der größten Vorteile unseres Menschseins auch eine unserer größten Gefahrenquellen. Wir Menschen besitzen die Fähigkeit, uns auf unsere eigene kleine „Insel" zurückzuziehen, und so ohne viel Verbindung zu anderen existieren zu können. Zu unserem Unglück haben wir aber auch die Fähigkeit, die Verbindung zu uns selbst zu verlieren, ja, unsere innere Verbindung regelrecht zu kappen (was der Grund dafür ist, warum es uns so schwerfällt, unsere eigene Energie je nach Bedarf an- oder abzuschalten).

Ich finde es interessant, dass eines der erstrebenswertesten Ziele (vielleicht *das* größte Ziel überhaupt) für viele Menschen offenbar darin besteht, ihre Reiterei so weit zu vervollständigen, dass sie einen Weg der Verbindung zu ihrem Pferd finden. Manche nennen dies Harmonie mit dem Pferd. Andere sprechen von Partnerschaft. Wie wir es auch nennen, meiner Meinung nach ist es äußerst schwierig, wenn nicht gar unmöglich, eine *echte* Verbindung zum Pferd herzustellen, wenn wir nicht vorher irgendwie die Verbindung zu uns selbst schaffen. Außerdem dürfen wir nie vergessen, dass die Verbindung, über die wir hier sprechen, niemandem fehlt. Bei den meisten ist sie nur nicht an ihrem Platz und muss einfach wiederentdeckt werden.

Die gute Nachricht dabei ist natürlich, dass dies, im Gegensatz zu so vielen Dingen, über die wir keine Kontrolle haben, etwas ist, was wir selbst tun. Haben wir erst einmal bewusst die Entscheidung getroffen, uns genauer damit zu befassen, wie unser Körper arbeitet, wie wir unsere Energie einsetzen oder auch nicht einsetzen und wie sich dies auf unser Pferd auswirkt, ist dies auch der erste Schritt zu der harmonischen Beziehung zu unseren Tieren, nach der so viele von uns streben.

Wie das alte chinesische Sprichwort sagt: „Auch die längste Reise beginnt mit einem ersten Schritt." Allerdings hat jede Reise, die es überhaupt wert ist, unternommen zu werden, auch ihre Höhen und Tiefen. Sicher wird es gute Tage geben, die ein Lächeln auf unsere Züge zaubern, aber nicht immer wird unser Weg nur glatt und schnurgerade verlaufen – und schon gar nicht ohne Wind.

GLEICHGEWICHT

Bis jetzt war der Mittsommertag ziemlich ereignislos verlaufen. Am Vortag war eine Warmfront durchgezogen, und nun war es zu heiß, um irgendwie mit den Pferden zu arbeiten. Wenn die Hitze sich sogar im Durchgang der alten Holzscheune (die normalerweise auch bei höheren Außentemperaturen einigermaßen kühl blieb) staute, wusste ich, dass es wirklich schlimm war. Und dies war unbedingt solch ein Tag.

Nichts deutete auf baldige Abkühlung hin, und so ließ ich mir Zeit mit meinen Routinearbeiten. Blödsinn, sich zu beeilen, dachte ich. Herumzurennen würde mich nur noch mehr ins Schwitzen bringen. Aber so viel Zeit ich mir auch ließ, es war erst halb zwölf, als ich mit allem, was getan werden musste, fertig war. Also beschloss ich, wieder nach Hause zu fahren und vielleicht mit ein paar Freunden schwimmen zu gehen.

Der alte Mann war nach hinten gegangen und hatte nachgesehen, ob die Wassertanks voll waren, was ich bereits zwei Mal getan hatte, aber er war ein Pedant, was frisches Wasser für die Pferde anging, und doppelt besorgt, wenn es so zum Auswachsen heiß wie heute war. In einem ärmellosen, schweißnassen T-Shirt kam er in die Scheune zurück, sein langärmeliges, ebenfalls durchgeschwitztes Jeanshemd über dem Arm.

„Sinnlos, hier herumzuhängen", sagte der alte Mann und zog ein rotes Taschentuch aus der Gesäßtasche. Sein Hemd hängte er an einen Nagel an der Wand, er nahm den Hut ab und wischte sich mit dem Taschentuch den Schweiß von der Stirn. Dann wischte er auch den Innenrand seines verwitterten Strohhuts trocken, bevor er aufsah und an mir vorbei aus dem offenen Scheunentor zur Straße schaute. „Da ist jemand", sagte er, stopfte das Taschentuch zurück und setzte den Hut wieder auf.

Ich hatte niemanden durchs Tor kommen hören, aber es stimmte: Als ich mich umdrehte und ebenfalls hinaussah, kam gerade ein zweifarbiger Kombi die Auffahrt herauf.

„Du kannst heimgehen, wenn du willst", sagte der alte Mann, nahm sein Hemd vom Nagel und zog es wieder an. Ich staunte immer wieder, dass er selbst bei der größten Hitze langärmelige Hemden trug, aber das tat er. Das Hemd klebte an seinem verschwitzten Körper, als er es anzog.

Wer da auch kam, musste höllisch in Eile sein, denn er verlor keine Zeit vom Tor bis zur Scheune. Das Aufheulen des

„Je mehr Bewegung vonseiten eines nicht ausbalancierten Reiters auf dem Pferderücken stattfindet, desto mehr gerät auch das Pferd aus dem Gleichgewicht."

Vierzylinders, als der Fahrer den Gashebel durchtrat, war nicht zu überhören. Mit kreischendem Motor bog das Fahrzeug einige Hundert Meter entfernt von der Straße ab. Erde und Steine spritzten gegen das Holztor, und eine riesige Staubwolke erhob sich in die Luft.

Im Nu war der Ford vor der Scheune und schlitterte seitwärts zum Halten. „Hmm", sagte der alte Mann, während er sein Hemd fertig zuknöpfte und es in die Jeans stopfte. Er zog ein Päckchen Zigaretten aus der Hemdtasche, aber die Zigaretten waren ebenfalls von Schweiß durchtränkt und ließen sich nicht anzünden. Er verzog das Gesicht, als ihm klar wurde, dass es mit dem Rauchen nichts werden würde, schob die feuchte Packung in die Tasche zurück und ging nach draußen.

Mittlerweile stapfte der Fahrer des Wagens in Richtung Scheune. Er war nicht groß und leicht untersetzt, nicht wirklich dick, aber auch nicht dünn, und trug knielange Shorts, braune Slipper mit weißen Socken und ein kurzärmeliges, rotweiß gestreiftes Hemd offen über einem weißen T-Shirt. Beide Hemden waren schweißnass. Das dunkle Haar klebte ihm am Kopf, ob vor Schweiß oder vor Pomade, war schwer zu sagen.

„Sind Sie hier der Besitzer?", fragte der Bursche ziemlich laut, als der alte Mann an ihm vorbei zu seinem bejahrten Pickup ging. So eilig hatte er es, dass er an dem alten Mann vorbeischoss und den Schritt verhalten musste, um umdrehen und ihm folgen zu können.

„Jep", sagte der alte Mann ruhig und ging weiter.

„Dann hab' ich ein Hühnchen mit Ihnen zu rupfen." Der Mann war wütend und wurde immer wütender.

„Also ..." Der alte Mann öffnete die Fahrertür und holte ein Päckchen Zigaretten heraus, das auf dem Sitz gelegen hatte. „Schießen Sie los."

„Sie haben meiner Frau ein Pferd verkauft", brüllte der

Mann, als der alte Mann sich lässig zu ihm umdrehte, eine Zigarette aus der Packung zog und sie anzündete. „Und ich will, dass sie es zurücknehmen."

„Welches?", fragte der alte Mann ruhig und entließ eine blaue Rauchwolke.

„Was?", fragte der Mann ärgerlich.

„Welches Pferd?", wiederholte der alte Mann.

„Was?", fragte der Mann wieder.

„Welches Pferd habe ich ihr verkauft?" Der alte Mann ging wieder zurück zur Scheune.

„Welches Pferd? Himmel, weiß ich doch nicht ..."

„Macht's Ihnen was aus, wenn wir uns in der Scheune weiterunterhalten?", unterbrach der alte Mann. „Nicht viel kühler da drin, aber wenigstens aus der Sonne."

Der Mann blieb abrupt stehen, als ob er nicht wüsste, was er sagen sollte. Der alte Mann drehte sich zu ihm um und winkte ihm zu folgen, was er schließlich auch tat.

„Es ist braun", blaffte der Mann, als sie in der Scheune im Schatten waren. „Und ich will, dass Sie es zurücknehmen."

„Stute oder Wallach?"

„Was?", blaffte der Mann.

„Das Pferd", sagte der alte Mann ruhig. „Ist es eine Stute oder ein Wallach?"

Der Mann guckte verständnislos.

„Männlein oder Weiblein?" Der alte Mann lächelte.

„Weiß ich nicht", brummte der Typ. „Ich weiß nur, dass es braun ist."

„Aha." Der alte Mann ging hinüber zu einem Heuballen und setzte sich darauf, was mich immer nervös machte, wenn er dabei rauchte. „Also dieses braune Pferd, das Ihre Frau gekauft hat – stimmt etwas nicht damit?"

„Weiß ich nicht", schnappte der Mann. „Ich will nur ..."

„Wie war doch gleich Ihr Name?", unterbrach der alte Mann.

„Was?", platzte der Mann heraus.

„Ihr Name ...", wiederholte der alte Mann ruhig. „Wie heißen Sie?"

„Wheeler", sagte der Mann, als ob er sich dessen selbst nicht ganz sicher sei. „George Wheeler. Meine Frau heißt Maggie. Sie haben ihr vor ein paar Monaten ein Pferd verkauft ... ein braunes Pferd."

„Ja ... vor ein paar Monaten, ich erinnere mich", nickte der alte Mann. „Einen Fuchswallach namens Booker." Er machte eine Pause. „Nettes Pferd. Ihre Frau schien gut mit ihm zurechtzukommen, als sie ihn hier angesehen hat. Hat sie ein Problem mit ihm?"

„Nein", kam es kurz und knapp von Wheeler. „Ich will nur, dass Sie ihn zurücknehmen."

„Er ist nicht lahm oder krank oder so?", fragte der alte Mann.

Wheeler war eine Sekunde still und sah von seinem erhöhten Standpunkt gleich innerhalb des Scheunentors auf den alten Mann herab. „Nicht dass ich wüsste ..." Seine Stimme klang ruhiger, als ob er schließlich versuchte, sich in die Gewalt zu bekommen.

„Na denn", sagte der alte Mann und wischte sich mit dem bereits schweißnassen Hemdärmel den Schweiß von der Stirn. „Sie wissen sicher auch, dass ich ein Pferd nicht ohne Grund einfach so zurücknehmen kann ... besonders ein Pferd, das in gutem Glauben ge- und verkauft worden ist." Er zog das Taschentuch aus der Gesäßtasche und wischte den Innenrand seines Strohhuts noch einmal trocken. „Wenn sie einen guten Grund hätte, den Wallach zurückzugeben, würde ich wohl gern mal darüber nachdenken, und wir kämen vielleicht zu einer Einigung, die für uns beide von Vorteil wäre."

Es dauerte eine ganze Weile, bevor Wheeler wieder etwas sagte. „Es geht darum", kam es schließlich von ihm, „dass sie ihn gekauft hat, ohne mich vorher zu fragen."

„Aha", nickte der alte Mann. „Hat Ihr Geld ausgegeben, ohne Ihnen etwas davon zu sagen, hmm?"

„Ähh, nein – es war ihr Geld." In seiner Stimme schwang plötzlich ein leicht dümmlicher Unterton mit. Der alte Mann nahm einen Zug aus seiner Zigarette und sah Wheeler fest und gezielt in die Augen. Diesen Blick kannte ich nur zu gut. Ich hatte ihn in der Vergangenheit viele Male gesehen, meistens wenn ich mich in einem Disput mit ihm festgefahren hatte. Der Blick sagte: „Wie wär's, wenn du erst ein bisschen darüber nachdenken würdest, was du hier sagst, bevor wir weiterreden?"

Es vergingen ein paar Sekunden in peinlichem Schweigen, während der alte Mann auf eine Erklärung dafür wartete, warum Wheeler ein Problem damit hatte, dass seine Frau ihr eigenes Geld ausgab. Es kam nichts.

„Nun, Mr. Wheeler." Langsam erhob sich der alte Mann von seinem Heuballen und ging auf den rot angelaufenen Mann am Tor zu. „Hat mich sehr gefreut, dass Sie den langen Weg nicht gescheut haben, hierherzukommen." Er legte ihm die schwielige Hand auf die Schulter und drehte ihn sanft in Richtung Kombi. „Ich bin sicher, Sie und Ihre Frau werden in dieser Angelegenheit zu einer vernünftigen Lösung kommen." Ruhig führte er Wheeler den ganzen Weg zurück zu seinem Wagen, und Wheeler sah genau so aus, wie ich mich fühlte, wenn mir der alte Mann mal wieder klarmachte, wie lächerlich das war, was ich gerade gesagt hatte.

Der alte Mann öffnete die Fahrertür, und Wheeler schob sich hinters Steuer. „Das ist ein wirklich hübscher Wallach, den sie sich da gekauft hat. Und wenn ich mich recht erinnere, reitet sie ihn auch wirklich gut. Ich bin keiner, der sich gern in anderer Leute Angelegenheiten mischt, aber eines weiß ich: dass man mit Honig mehr Fliegen fängt als mit Essig." Der alte Mann schloss die Wagentür. „Nochmals vielen Dank für Ihren Besuch und beste Grüße an ihre Frau."

Der alte Mann drehte sich um, bereit zum Gehen, als Wheeler, mit einem Gesicht wie ein junger Hund, der ausgeschimpft wurde, weil er eine Pfütze auf den Teppich gemacht hat, den Motor anließ.

„Ach, und übrigens ..." Der alte Mann wendete sich wieder dem Wagen zu, als ob ihm gerade noch etwas eingefallen wäre. „Ich wäre Ihnen sehr dankbar, wenn Sie etwas langsamer wegfahren würden, als Sie gekommen sind."

Als Wheeler wendete und langsam die Auffahrt hinunter zur Straße fuhr, ging der alte Mann in Richtung Scheune.

„Einfach zu heiß zum Streiten heute." Als er an mir vorbeiging, sah ich so etwas wie den Anflug eines breiten Grinsens auf seinem Gesicht.

Immer habe ich an dem alten Mann bewundert, mit welcher Leichtigkeit er angespannte oder möglicherweise instabile Situationen, ob mit Menschen oder mit Pferden, entspannen konnte. Je mehr Wheeler sich aufregte, desto ruhiger schien der alte Mann zu werden. Das Interessante daran ist aber, dass der alte Mann bei dem Treffen mit Wheeler zwar die Ruhe behielt, dies aber nicht bedeutete, dass er aufgegeben hätte, überrollt worden wäre oder sich hätte herumschubsen und einschüchtern lassen. Stattdessen hatte er sich von Wheelers Wut weder anstecken noch provozieren lassen, war bei seinem Standpunkt geblieben und hatte das Gespräch auf produktive Weise geleitet bis zu einem friedlichen Abschluss.

Es sollte mich viele Jahre kosten, bis ich in der Lage war, diese spezielle Lektion des alten Mannes in die Praxis umzusetzen. Als Teenager und junger Mann verlor ich bei hitzigen Debatten eher die Beherrschung und ging an die Decke, als nach einer friedlichen Lösung zu suchen. Natürlich war dies

„Aus dieser Ruhe heraus konnte ich dirigieren, ohne emotional zu werden."

nie eine bewusste Reaktion, ich hatte nie vor, meinen Gefühlen auf diese Art und Weise freien Lauf zu lassen. Vermutlich hatte es mehr mit dem damaligen Stand meiner Fähigkeit zu tun, mit solchen Situationen umzugehen.

Irgendwann im Verlauf der Jahre und mit dem Älterwerden schien sich dies zu ändern. Ich weiß, dass ich nie bewusst beschlossen habe, mich zu ändern. Es passierte einfach allmählich. Mit der Zeit setzte ich mich bei Streitgesprächen immer öfter hin, während andere stehen blieben – wieder nicht bewusst, sondern eher instinktiv. Ich ließ die anderen sagen, was sie zu sagen hatten, bevor ich etwas sagte, und gewöhnlich blieb mir so massenhaft Zeit, mir eine durchdachte Antwort zurechtzulegen. Außerdem stellte ich fest, dass ich immer ruhiger wurde, je mehr andere sich aufregten. Nicht immer, das nicht, aber immer öfter.

Etwa um die gleiche Zeit stellte ich fest, dass ich mit Pferden ziemlich ähnlich umging. Zeigte ein Pferd ein übersteigertes Verhalten oder regte sich über irgendetwas ungebührlich auf, fing ich beinahe instinktiv an abzuwiegeln, was mir half, selbst ruhiger zu bleiben. Aus dieser Ruhe heraus konnte ich dirigieren, ohne emotional zu werden und ohne mich vom Drama der Situation einbinden zu lassen.

Jahrelang habe ich versucht, meinen Schülern zu vermitteln, wie man eine möglicherweise gefährlich zugespitzte Situation am besten mit Ruhe entschärft, zugegeben ohne großen Erfolg. Jemandem einfach zu erzählen, er oder sie solle ruhig bleiben, wenn am anderen Ende des Führstricks gerade ein hochexplosives Pferd herumtobt, schien nie sehr hilfreich zu sein. Jemandem zu sagen, er oder sie solle die Energie herunterfahren, während er oder sie auf einem Pferd saß, das kurz vor dem Durchgehen war, wollte auch nie so recht funktionieren. Ich habe lange vergeblich versucht, irgendwie den Vorteil begreiflich zu machen, der darin liegt, dass Reiter oder Führpersonen, sobald das Pferd seine Energie hochfährt, ihre Energie herunterschalten, ohne deshalb jedoch ihre Führungsfunktion aufzugeben. Bei den meisten Menschen, fürchte ich, ist der Groschen trotz all meiner Bemühungen wohl doch nicht gefallen, jedenfalls gelang es mir nicht, dauerhafte Erfolge zu erzielen.

Dann erklärte Sensei Bob Frumhoff während eines von ihm geleiteten Aikido-Kurses in Flagstaff, Arizona, wie man den Schlag eines Angreifers so annimmt, dass während des gesamten Angriffs die Energie im Gleichgewicht bleibt, ganz gleich, wie viel oder wenig Energie der Angreifer einsetzt.

Er erklärte, dass im Idealfall die Summe der Energie zwischen einem Angreifer (*uke*) und dem, der die Aikido-Technik anwendet (*nage*), einen Wert von zehn betragen sollte. Ginge es korrekt zu, würde Uke eine Fünf in den Angriff einbringen und Nage eine Fünf in der Technik, sodass sie sich zu einer ausgeglichenen Summe von Zehn ergänzten. Setzte jedoch Uke weniger Energie ein – zum Beispiel eine Drei statt einer Fünf –, sei Nage dafür verantwortlich, mit einer Sieben dafür zu sorgen, dass sich in der Summe wieder die Zehn ergebe. Wende dagegen Uke mehr Energie auf – etwa eine Neun statt einer Fünf –, sei es an Nage, mit einer Eins dafür zu sorgen, dass die Gesamtmenge der Energie zwischen ihnen bei zehn bliebe, dem Punkt, in dem ein Gleichgewicht der Kräfte herrsche.

Sensei demonstrierte, was er meinte, indem er die Technik drei Mal mit einem Schüler vorführte. Zuerst setzte der Schüler im Angriff eine Fünf ein, dann eine Neun, dann eine Eins. In jedem Fall begegnete Sensei dem Angriff mühelos und beendete ihn mit Uke in perfektem Gleichgewicht. Auch die Technik, die er anwandte, erschien in jedem der Fälle mühelos, sowohl für ihn wie für den Schüler.

Mir dämmerte, dass das, was Sensei demonstriert hatte, genau das Gleiche war wie das, was der alte Mann in einer instabilen Situation zu tun pflegte. Er hatte ein Gleichgewicht der Kräfte entwickelt. Zum Beispiel Mr. Wheeler: Als er bei dem alten Mann auftauchte, brachte er in Energiebegriffen leicht eine Acht oder Neun mit. Sofort senkte der alte Mann seine Energie auf eine Zwei oder eine Eins ab und glich die Menge aus. Dann begann der alte Mann, genau wie Sensei bei dem Schüler, der ihn angegriffen hatte, Wheeler – wenn in diesem Fall auch nur mit Worten – zu dirigieren, und brachte die Situation zu einem ruhigen Abschluss.

Bei Pferden dreht sich alles um Gleichgewicht: um körperliches Gleichgewicht, seelisches Gleichgewicht oder Gleichgewicht in der Herde. Ich glaube, einer der Gründe, warum sie so lange überlebt haben, besteht in dem makellosen Gleichgewicht, das sie das ganze Leben aufrechterhalten. Sie sind glänzend ausgestattet dafür, Pferde zu sein.

Wir Menschen dagegen haben anscheinend etwas zu kämpfen, wenn es um Gleichgewicht geht, sei es körperlich, seelisch oder sonst wie. Nicht dass wir nicht im Gleichgewicht wären oder sein könnten. Anscheinend ist es bei all den täglichen Ablenkungen, Unterbrechungen, Brüchen, Störungen und Aufregungen, die uns umgeben und bombardieren, für uns nur fast natürlicher, aus dem Gleichgewicht zu sein als im Gleichgewicht. Tatsächlich müssen wir, um mit uns selbst im Gleichgewicht zu sein, nur zu oft richtig daran *arbeiten*.

Meiner Meinung nach ist es dieser unser Mangel an innerem Gleichgewicht, der es uns so schwer macht, bei einem unerwarteten Vorfall mit dem Pferd die Kontrolle zu behalten. Schließlich kann es ziemlich schwierig sein, ein Schiff zu steuern, wenn das Ruder gebrochen, beschädigt oder nicht vorhanden ist. Wahrscheinlich liegt es sehr oft am mangelnden Gleichgewicht beim Menschen, wenn ein Pferd scheut und der Reiter dann ebenfalls erschrickt. Was eigentlich für Pferd und Reiter eine Bagatelle sein sollte, entwickelt sich dann plötzlich sehr schnell zu einem Riesenproblem.

Die Frage ist also, wie gewinnt ein Mensch, der innerlich aus dem Gleichgewicht ist, sein Gleichgewicht zurück? Na ja, ich vermute, es wäre nicht unwichtig zu wissen, inwieweit wir, wenn überhaupt, aus dem Gleichgewicht sind, bevor wir versuchen, wieder ins Gleichgewicht zu kommen. Nehmen wir die Idee des Gleichgewichts der Kräfte (angesetzt wieder bei der Zahl Zehn) und wenden wir sie bei den zwei Dingen an, die in der Arbeit mit Pferden eine Hauptrolle spielen: unserem emotionalen und unserem körperlichen Zustand. Beide – Gefühl wie Körper – sollten jeweils bei einer Fünf sein, damit sie zusammen eine Zehn ergeben und wir uns im Gleichgewicht befinden.

Zuerst müssen wir uns darüber klar werden, ob wir gefühlsmäßig bei einer Fünf sind oder nicht. Wenn nicht – wo sind wir dann? Bei Eins, Sieben, Neun? Den emotionalen Faktor müssen wir zuerst bestimmen, denn der körperliche folgt diesem fast immer. Mit anderen Worten: Wenn wir emotional aufgedreht sind auf eine Neun, sind wir es körperlich fast immer ebenso. Jeder, der einmal miterlebt hat, wie im Restaurant ein Ober ein Tablett voller Schüsseln und Teller fallen ließ, weiß, was ein emotionaler/physischer „Knalleffekt" ist. Wir hören Geschirr klirrend zu Bruch gehen, erschrecken und zucken zusammen. Unser Geist fährt hoch, dann folgt der Körper.

Das Interessante daran ist nun, dass manche Menschen zwar emotional aufdrehen, die körperlichen Folgen aber verbergen können. Sie können das körperliche Zusammenzucken tatsächlich so gut verbergen, dass man ihnen ihr Erschrecken nicht ansieht. Und für jemanden, der versucht, ins Gleichgewicht zu kommen, ist das kein schlechter Ausgangspunkt, denn während ein körperliches Zusammenzucken fast immer auf ein emotionales Zusammenzucken folgt, kann auch umgekehrt ein Schuh daraus werden: Das Gefühl kann dem Körper folgen. Anders gesagt, wenn wir den Körper ruhig halten können, haben wir gute Chancen, auch die Gefühle im Zaum zu halten.

Pferde dagegen verbergen ihre Gefühle so gut wie nie. Sie machen keinen Unterschied zwischen dem, was sie fühlen, und dem, was sie tun. Wenn also Pferde emotional aufdrehen, drehen sie fast ausnahmslos auch körperlich auf. Können wir jedoch das Körperliche kontrollieren und ausbalancieren, können wir so gut wie immer auch die Emotionen wieder ins Gleichgewicht bringen.

Entdeckt habe ich dies vor Jahren, fast nur durch Zufall. Ich ritt einen älteren Halbblut-Wallach, den der Besitzer nicht langsam reiten konnte. Im Schritt ging es noch einigermaßen, aber sobald man antraben wollte, riss er den Kopf hoch, drückte den Rücken weg und rannte im schnellsten und unbequemsten Trab, den ich je erlebt habe, kopflos auf und davon.

Als ich zum ersten Mal antrabte, schoss er los, dass ich mir fast die Zunge abgebissen hätte. Mehr aus Selbsterhaltungstrieb denn aus irgendwelchen anderen Gründen wendete ich ihn ab und ritt kleine Zirkel, Schlangenlinien, Achter – alles, nur keine geraden Linien. Zu meiner Überraschung wurde er nach verhältnismäßig kurzer Zeit deutlich langsamer. Sofort ließ ich ihn geradeaus gehen. Aber sobald er auf gerader Linie war, rannte er wieder los, sodass ich ihn wieder abwenden musste, und das Ganze begann von vorne.

Das Interessante daran war, dass der Wallach in nicht mal fünfzehn Minuten nicht nur langsamer trabte und die langsame Gangart auch beibehielt, wenn ich ihn geraderichtete, sondern auch deutlich ruhiger war. Ich kann Ihnen gar nicht sagen, wie glücklich ich war, weil ich damit auf eine neue und sehr wirkungsvolle Trainingsmethode gestoßen zu sein schien. Tatsächlich war sie so wirkungsvoll, dass ich sie seither bei Hunderten von Pferden angewendet habe, mit sehr ähnlichen Ergebnissen.

Jetzt allerdings verstehe ich natürlich, dass es sehr wenige wirklich neue Trainingsmethoden gibt, wenn überhaupt. Diese war einfach neu für mich, aber eigentlich hatte ich nur dem Wallach geholfen, sich auszubalancieren, indem ich die Energie zwischen uns beiden ins Gleichgewicht brachte. Kurz gesagt: Wenn wir beide Schritt gingen, war unsere Energie einigermaßen ausgeglichen, sagen wir bei zehn: eine Fünf von mir, eine Fünf von ihm. Wenn ich ihn antrabte, schoss seine Energie von fünf auf acht. Wenn er seine Energie aufdrehte, schaltete ich meine Energie (damals noch unbewusst) von einer Fünf auf eine Zwei, sodass die Gesamtmenge der Energie wieder bei einer Zehn lag. Gleichzeitig hatte ich ihm durch das Abwenden eine Richtung gewiesen, was ebenfalls dazu beitrug, dass er sich mental wieder stabilisierte.

Schließlich ist es für ein Pferd schwierig, kopflos davonzurennen, wenn es mal in die eine und dann in die andere Wendung gelenkt wird und nicht richtig weiß, wohin es seine Füße als Nächstes setzen wird. Über kurz oder lang *musste* der

Wallach an seine Füße denken, und als dies passierte, begann seine Energie zu sinken, von einer Acht zu einer Sieben, zu einer Sechs und schließlich zu einer Fünf. Gleichzeitig verlor er an Tempo. Und so kam er wieder mit sich – und mit mir – ins Gleichgewicht. Als wir den Gleichgewichtspunkt erreicht hatten, lief alles viel glatter und ruhiger, und nach einer Weile begann er den Vorteil zu sehen, der für ihn dabei heraussprang: dass er sich einfach besser fühlte.

Und warum sollte er sich schlecht fühlen, wenn es auch besser ging?

Vor einiger Zeit habe ich den Gedanken dieses Gleichgewichtspunkts, des Punktes, an dem ein Gleichgewicht der Kräfte besteht, mit meinem Aikido-Lehrer erörtert. Er sprach davon, wie sehr die Praxis der Kampfsportarten auf einem Gleichgewicht der Kräfte zwischen einzelnen Personen beruht. Bei einem Angriff sind Kampfsportler (infolge ihres Trainings) in der Lage, Geist und Körper zu entspannen und so die vom Angreifer aufgebrachte Energie auszugleichen. In diesem entspannten Zustand kann der Kampfsportler sich bewegen, reagieren, dirigieren, die Situation kontrollieren und sie so zu dem friedlichsten Abschluss bringen, der möglich ist – sehr ähnlich einem Menschen, der es mit einem gestörten Pferd zu tun hat.

Am schwierigsten ist dabei für die meisten Menschen, sich der Energie bewusst zu werden, die sie als Reaktion auf ein Verhalten des Pferdes einsetzen. Nur zu oft erleben wir, dass ein Reiter, sobald das Pferd seine Energie hochfährt, die seine ebenfalls steigert, sodass Pferd wie Reiter aus dem Gleichgewicht sind. Das Gleiche geschieht, wenn bei einem Pferd die Energie abfällt: Der Reiter lässt die seine ebenfalls absinken, woraufhin wiederum beide aus dem Gleichgewicht

„Wenn also Pferde emotional aufdrehen, drehen sie fast ausnahmslos auch körperlich auf.“

geraten. Mit anderen Worten: Anstatt dass *wir* unsere Reaktion auf eine Situation kontrollieren, übernimmt dies das Pferd für uns. Ohne es zu merken, folgen wir dem Pferd, statt dass das Pferd uns folgt.

Man kann es auch noch anders betrachten. Wenn wir auf einer Wippe stehen, einen Fuß rechts und einen links vom Balancepunkt, können wir die Wippe mit ganz kleinen Gewichtsverlagerungen im Gleichgewicht halten, beide Enden der Wippe im gleichen Abstand zum Boden. Die Wippe könnte sich nach jeder Seite senken, sie ist in keiner Weise festgelegt. Sie tut einfach, was wir wollen. In diesem Sinn ist sie völlig damit einverstanden, sich im Gleichgewicht zu befinden oder sich nach der einen oder anderen Seite zu senken. Alles, was wir dazu tun müssen, ist, ihr den Anstoß dazu zu geben. Mit kleinen Veränderungen bleibt sie im Gleichgewicht. Nur ein Haar mehr Gewicht auf einer Seite, und sie fängt an, sich auf diese Seite zu neigen. Je weiter sie absinkt, desto größer sind die Gewichtsverlagerungen, mit denen wir gegensteuern müssen, um sie wieder ins Gleichgewicht zu bringen. Bringen wir unser ganzes Gewicht (Energie) auf eine Seite, kippt die Wippe auf diese Seite und bleibt so.

Wenn ein Pferd seine Energie hochfährt, ist es ziemlich ähnlich wie auf einer Wippe. Je länger wir warten, um sie zu regulieren (falls wir es nicht vorziehen, überhaupt nichts zu regulieren, sondern unsere Energie gleichfalls hochzufahren), desto weiter kippt das Pferd und desto schwieriger wird es, es zurückzuholen. Je schneller und fließender wir eine Regulierung vornehmen, desto kleiner kann sie ausfallen und bringt uns doch ins Gleichgewicht zurück.

Dasselbe gilt, wenn die Energie eines Pferdes absinkt. Je länger wir mit dem Regulieren warten, desto schwieriger wird es, das Pferd zurück ins Gleichgewicht zu bringen. Je schneller die Regulierung, desto einfacher das Zurückholen.

Der Vergleich mit der Wippe gefällt mir deshalb so gut, weil ich mich noch deutlich daran erinnern kann, wie ich als Kind einmal versucht habe, eine Wippe auszubalancieren. Überhaupt angefangen hatte ich hauptsächlich, weil ich eines schönen Tages auf dem Spielplatz ein paar ältere Kinder auf einer Wippe herumspielen gesehen hatte. Sah nach einem Riesenspaß aus. Bei diesen älteren Kindern sah es ganz einfach aus. Sie kletterten hinauf und hatten die Wippe innerhalb von Sekunden ins Gleichgewicht gebracht. Dann wetteten sie, wer sie am längsten in diesem Zustand halten könnte.

Zuerst hatte ich wirklich zu kämpfen. Ich kam schon kaum hinauf, ohne dass das Ding mit dem einen oder dem anderen Ende hart am Boden aufschlug und die Vibration mich zwang, wieder herunterzuspringen. Das gefiel mir gar nicht. Aber mit viel Übung brachte ich den Dreh schließlich heraus. Nicht lange und ich war fasziniert von dem Gefühl, wenn ich in der Mitte der Wippe den Balancepunkt gefunden hatte. Es war spannend, wie lange ich die Enden der beiden grün lackierten Balken in der Schwebe halten konnte, bevor mir das Gefühl abhanden kam. Dann krachte das eine oder das andere Ende zu Boden. Je mehr ich übte, desto länger blieb der Balken in der Schwebe, und selbst wenn er auf dem Boden aufschlug, wurde der Aufprall allmählich leiser.

Mein Gefühl, wenn ich mit dem Pferd den Gleichgewichtspunkt erreicht habe, erinnert mich sehr an das auf der Wippe. Es mag anfangs mühsam sein, dorthin zu gelangen, und manchmal können Sie es vielleicht nicht sehr lange genießen, aber eines ist sicher – wenn Sie dort angekommen sind, ist das Gefühl mit nichts in der Welt zu vergleichen. Und zumindest für mich wird das den Versuch immer wert sein.

„Der Schwarze stand mit dem Kopf in der hinteren Ecke seines Paddocks, die Hinterhand dem Tor zugewandt."

Teil 3:
Das Pferd in seiner
Ganzheit gewinnen

Beständigkeit

Vielleicht eine Stunde lang waren rund um das Lagerfeuer an-
geregt Geschichten erzählt worden. Nun flaute die Unterhaltung plötzlich ab. Das Gelächter wurde leiser, die Gespräche
der etwa fünfzehn Menschen, die um das Feuer herum saßen,
die Gesichter vom Feuer in ein dunkles Orange getaucht, ver-
ebbten.

Nachdem ich als Kursleiter fast den ganzen Tag nonstop geredet hatte, war ich für meinen Teil absolut zufrieden damit,
einfach hier zu sitzen, mich etwas zu entspannen und den Geschichten zuzuhören, die die Leute von sich und ihren Pferden
erzählten. Manche der Geschichten waren lustig gewesen.
Manche waren ein bisschen traurig. Aber alle waren interessant gewesen.

Als die Stille sich über den kleinen Kreis Menschen am
Feuer senkte, verlor ich mich ein wenig in den Anblick der
Flammen. Mir fiel ein Stückchen Holz in der Glut auf, nicht
viel länger als fünfundzwanzig Zentimeter und vielleicht fünf
Zentimeter im Durchmesser. Durch die Mitte lief der Länge
nach ein Riss.

Die brennenden Holzscheite hatten meist einen orange-
gelben bis rötlichen Schimmer, aber aus diesem Riss flackerte

ein paar Sekunden etwas Blaues heraus und zog sich wieder ins Holz zurück. Nach ein paar Sekunden blitzte das Blau wieder auf, tanzte ein wenig herum und verschwand wieder. Ich versuchte mir gerade vorzustellen, was in diesem Stückchen Holz so heiß brennen konnte, dass die Flamme blau wurde, als jemand eine Frage stellte und das Schweigen brach.

Ich war so fasziniert von dieser kleinen blauen Flamme, dass ich die Frage nicht wirklich gehört hatte und auch nicht wusste, an wen sie gerichtet war, aber ich wurde doch aufmerksam, als sie noch einmal wiederholt wurde. Diesmal glaubte ich meinen Namen gehört zu haben und sah auf in die orange glühenden Gesichter, um zu sehen, ob jemand mich wirklich angesprochen hatte oder nicht. Zuerst sagte niemand etwas. Ich sah nur fünfzehn Personen, die mich erwartungsvoll ansahen.

„'tschuldigung", sagte ich aufgeschreckt. „Hat jemand etwas zu mir gesagt?"

Ein leises Kichern lief durch die Gruppe. Dann meldete sich Lizzie, eine Reiterin, die schon früher am Tag eine hübsche Rappschimmelstute vorgestellt hatte. „Sie haben den ganzen Tag geredet und sind wahrscheinlich völlig ausgequetscht", fing sie an. „Wenn Sie also nichts mehr sagen wollen, haben dafür sicher alle Verständnis. Aber ich habe mich gefragt, was wohl die größte Veränderung gewesen sein mag, die Sie je bei einem Pferd erlebt haben."

„Die größte Veränderung?"

„Ja", fuhr sie fort. „Sie wissen schon, ein Pferd, das wirklich schwer gestört war und mit dem Sie gearbeitet haben, bis eine wunderbare Verwandlung eintrat. So in etwa." Sie schwieg einen Augenblick. „Fällt Ihnen da etwas ein?"

Ich brauchte ein Weilchen, bis die Frage bei mir ankam. Vermutlich war ich im Geiste immer noch mit der blauen Flamme beschäftigt. Ziemlich lange saß ich nur da und ging in der Erinnerung all die Pferde durch, mit denen ich im Laufe der Jahre gearbeitet hatte. Ein paar fielen mir ein, aber ich war mir nicht sicher, ob ihre Geschichten so dramatisch waren, wie meine Zuhörer offensichtlich erwarteten.

„Junge, Junge", sagte ich schließlich. „Das ist schwer. Ein paar fallen mir ein, aber ..."

„Ich hatte mal ein Pferd", unterbrach mich eine Dame links von mir, „das war wirklich das Verrückteste, das ich je gesehen habe ..."

Der Druck war weg, ich konnte wieder weiter ins Feuer starren. Inzwischen war die blaue Flamme breiter und länger geworden, und ich hatte immer noch keine Idee, was der Grund dafür sein könnte.

Obwohl ich eigentlich dachte, ich sei um das Geschichtenerzählen noch einmal herumgekommen, war, mir unbewusst, mein Geist anscheinend immer noch damit beschäftigt, solch eine Geschichte aufzuspüren. Beinahe im selben Augenblick, in dem ich wieder ins Feuer sah, tauchte aus meinem Unterbewusstsein – als wollte es sagen: „Hey, weißt du noch?" – eines der ersten wirklich traumatisierten Pferde auf, denen ich je begegnet bin.

Nicht lange nachdem ich angefangen hatte, für den alten Mann zu arbeiten, kam ich eines Morgens hin und fand ein kleines, mageres schwarzes Pferd, das vorher nicht da gewesen war und nun in einem der Paddocks ganz hinten auf dem Anwesen stand. Es war ganz allein, kein anderes Pferd in der Nähe, wohl aber einige in Sicht- und Hörweite. Ich kann mich nicht erinnern, dass das Pferd einen Namen hatte, und wenn, habe ich ihn vergessen. Ich weiß nur noch, dass der alte Mann es immer The Black, den Schwarzen, nannte.

Der Schwarze stand mit dem Kopf in der hinteren Ecke seines Paddocks, die Hinterhand dem Tor zugewandt. Er war nicht gerade eine Schönheit, hatte überall Beulen und Schrammen, die Rippen stachen aus dem glanzlosen schwarzen Fell

„Der Stirnschopf
hing ihm so weit ins
Gesicht, dass die
Augen kaum noch
zu sehen waren."

hervor, Mähne und Schweif waren lang und total verfilzt. Seine
kurzen Hufe waren eingerissen, und der Stirnschopf hing ihm
so weit über die Augen, dass sie kaum noch zu sehen waren.

Der alte Mann sagte, er würde den Schwarzen selbst
füttern und tränken, ich solle mich von diesem Paddock fernhalten. Da er ganz allein am hinteren Ende des Anwesens
stand, bestehe für mich auch kein Grund, zu ihm hinzugehen,
fügte er hinzu. Er legte klar fest, wie er es haben wollte. Das
„Warum" verstand ich zwar nicht, aber ich war damals noch so
grün, was Pferde anbetraf, dass es für mich keinen Grund gab,
seine Anweisungen anzuzweifeln. Ich konnte kaum ein gutes
Pferd von einem schlechten unterscheiden (und hatte ehrlich
gesagt schon gerade genug damit zu tun, das Ende, das ich
füttern sollte, von dem zu unterscheiden, das hinterher ge-
säubert werden musste).

Später fand ich heraus, dass er das Pferd von der Nachbarin des Vorbesitzers bekommen hatte. Der Vorbesitzer war für seinen brutalen Umgang mit Pferden berüchtigt. Als er das Pferd nicht „brechen" konnte, wollte er es herausholen und erschießen. Aber bevor es dazu kam, hatte die Nachbarin Wind davon bekommen, was er vorhatte, und hatte ihn überredet, ihr das Pferd zu überlassen. Sie gab den Schwarzen dann weiter an den alten Mann, und so war er hier bei uns gelandet.

Der alte Mann wollte mich nicht an das Pferd heranlassen, weil es unberechenbar war. Man konnte vorher nie wissen, ob es einen angreifen oder nur kehrtmachen und versuchen würde, über den Zaun zu springen. Das kam davon, wie er be- bzw. misshandelt worden war.

Deshalb kümmerte sich der alte Mann selbst um das Pferd. In den ersten paar Monaten sah ich nur, dass der alte Mann ihm Futter brachte und den Wassertank nachfüllte. Sonst machte er nichts mit ihm. Zu dieser Zeit hatte ich keine Ahnung, dass er viel mehr tat, als nur zu füttern und zu tränken. Es ging eigentlich überhaupt nicht darum, dass er *nur* fütterte und tränkte, es ging darum, *wie* er fütterte und tränkte. Er fütterte und tränkte jeden Tag um genau die gleiche Zeit – gerade genug Futter und Wasser, dass der Schwarze alles auffressen und austrinken würde und dann einige Stunden warten musste, bis die nächste Ration auftauchte.

Am Anfang stand der Schwarze, wenn der alte Mann zum Füttern kam, entweder zitternd am Ende des Paddocks und hängte den Kopf über den Zaun, oder er vergrub den Kopf in einer Ecke und „versteckte sich", wie es kleine Kinder tun, wenn sie sich die Hände über die Augen legen und „verschwinden". Was man nicht sehen kann, ist wohl auch nicht da. Nach ungefähr zwei Wochen stand der Schwarze zwar immer noch hinten am Zaun, wenn der alte Mann zum Füttern kam, aber er riskierte kurze Blicke in seine Richtung, anstatt den Kopf abzuwenden.

Wieder ein paar Wochen später begrüßte er den alten Mann mit kurzem Wiehern, blieb aber immer noch im hinteren Bereich stehen. Auch mit dem „Verstecken" hörte er um diese Zeit auf. Nach ungefähr zweieinhalb Monaten stellte er sich mitten im Paddock auf, wenn das Futter kam, anstatt hinten stehen zu bleiben.

Eines schönen Morgens, kurz bevor meine Sommerferien zu Ende waren und fast drei Monate, nachdem der Schwarze zu uns gekommen war, ging ich wieder zu dem alten Mann und wollte ihm wie üblich bei der Arbeit helfen. Inzwischen hatte ich so etwas wie eine Morgenroutine entwickelt. Ich ging herum, warf den Pferden Heu vor, überprüfte das Wasser in den Tanks und mistete aus. Gerade war ich halb durch mit dem Füttern, als der alte Mann herbeikam.

„Heute Morgen hat der Schwarze am Tor auf mich gewartet." Seine Stimme klang fröhlicher als sonst, und auf seinem Gesicht lag ein leises Lächeln.

Zu der Zeit war ich immer noch reichlich naiv, was Pferde anbetraf, und hatte deshalb nicht die leiseste Idee, was für eine Errungenschaft dies bedeutete. Hier war ein Pferd, das vor wenigen Monaten entweder versucht hätte, jeden umzubringen, der sich ihm näherte, oder aber über den Zaun zu springen und auf und davon zu laufen. Jetzt wartete er am Tor. Aus meiner heutigen Sicht würde ich so etwas natürlich für eine ziemliche Großtat halten, für das Pferd wie für den Menschen, aber damals konnte ich nicht erkennen, was so großartig daran sein sollte. Mann, schließlich warteten alle seine Pferde am Tor.

„Oh", war alles, was ich dazu zu sagen wusste.

Der alte Mann zögerte ein paar Sekunden und sah mich an, als ob er noch mehr von mir erwartet hätte ... es kam aber nichts. Mit einem leichten Kopfschütteln wandte er sich ab und ging.

Was ich damals noch nicht wusste, war, dass der alte Mann
durch die Art, wie er den Schwarzen fütterte, diesem auf ganz
leise Art einen Grund gab, Menschen als Quelle von angeneh-
men Dingen zu betrachten, anstatt als etwas, das man fürchten und meiden musste. Er gab dem Pferd gerade genug Fut-

*„Ein weiteres Pferd ging irgendwo im Osten vor dem Buggy einer älteren
Dame."*

ter, dass es satt wurde, und wenn das Futter zu Ende war, gerade genug Zeit, wieder Hunger zu bekommen. Und genau dann kam die nächste Mahlzeit daher.

So entdeckte der Schwarze, dass immer um die Zeit, in der er Hunger bekam, ein Mensch auftauchte und ihn, als könne er Gedanken lesen, fütterte, anstatt ihn zu quälen. Langsam aber sicher legte das Pferd ein wenig von seiner Furcht ab. Durch die bewiesene Beständigkeit hatte der alte Mann das Eis gebrochen.

Viele Jahre später habe ich mich dieses Konzepts bedient, um frisch eingefangenen Mustangs wieder eine Richtung im Leben aufzuzeigen. Nachdem man sie zusammengetrieben und von dem Leben in der Wildnis, dem einzigen, das sie kannten und verstanden, weggeholt hatte, war es eine Möglichkeit, mit ihnen in Verbindung zu treten. Dadurch, dass wir sie jeden Tag um genau die gleiche Zeit fütterten und tränkten, konnten wir dazu beitragen, dass sie sich auf den Kontakt mit Menschen freuten, etwas, das ihnen so vollständig fremd war, dass sie sich vorgekommen sein müssen, als seien sie auf einem anderen Planeten gelandet.

In beiden Fällen, bei dem Schwarzen und bei den Mustangs, war es die Beständigkeit, gezeigt einfach durch die Art unseres Fütterns, die es den Pferden erlaubte, uns freudig entgegen- statt von uns wegzusehen. In ihren Augen verwandelten wir uns von etwas, das man fürchten musste, zu etwas, auf das man sich freuen konnte.

Einige Wochen, bevor meine Ferien zu Ende gingen und ich wegen der Schule nicht mehr so viel Zeit auf dem Anwesen des alten Mannes verbringen konnte, beschloss er, es sei nun Zeit, ihm beim Füttern des Schwarzen zu helfen. Wie er erklärte, fing das Pferd an, sich wegen seiner Mahlzeiten auf ihn zu verlassen. Wenn ich es nun fütterte, würde dies dem Pferd zeigen, dass es sich auch auf andere Menschen verlassen konnte.

In den ersten paar Tagen stand der Schwarze wie ganz zu Anfang mit dem alten Mann wieder hinten im Paddock, wenn ich mit seinem Heu kam. Um ehrlich zu sein: Ich weiß nicht, wer mehr Angst hatte, er oder ich. Die ominöse Warnung des alten Mannes, mich von dem Pferd fernzuhalten, hatte sich mir offenbar eingeprägt. Trotzdem stand der Wallach nach drei oder vier Tagen mitten im Paddock und wartete schließlich am Tor auf mich, wie er es bei dem alten Mann getan hatte.

Obwohl ich in seiner Nähe immer noch etwas nervös war, fütterte ich den Schwarzen morgens und abends, bis ich wieder zur Schule musste. Und dann nahm die Schule mich derartig in Anspruch, dass ich erst Monate später wieder die Zeit erübrigen konnte, überhaupt zu dem alten Mann hinauszufahren.

ZUVERLÄSSIGKEIT

Es wurde Mitte Juni, etwa zwei Wochen nach Ferienbeginn, bevor ich mich endlich wieder auf den Weg zu dem alten Mann machen konnte. Ich hätte wohl schon früher kommen können, aber jedes Mal, wenn ich mich gerade auf mein Fahrrad schwingen und hinausfahren wollte, kam irgendein Kumpel aus der Nachbarschaft dazwischen und schlug etwas anderes vor. Diese ersten zwei Wochen gingen für „Kinderkram" drauf, vom Herumfahren mit dem Rad, mit Spielkarten in den Speichen, damit es klang wie ein Motorrad, bis zu einem Drei-Mann-Baseballspiel.

Drei-Mann-Baseball war das Spiel, das wir spielten, wenn wir nicht genug Kinder für ein richtiges Spiel zusammenbekamen. Es war ziemlich einfach. Als Erstes zeichneten wir mit Kreide so etwas wie ein Quadrat auf die Ziegelmauer einer Schule in unserer Nähe. Es war groß genug, eine *Strike Zone* darzustellen. Ein Kind war der Schlagmann (*batter*), eines der Werfer (*pitcher*) und eines war im Feld. Jeder Schlagmann bekam drei *strikes* und drei *outs*, wie bei einem richtigen Spiel. Kam ein Wurf herein und der Schlagmann holte nicht aus, der Ball landete aber innerhalb des Kreidequadrats, war das ein *strike*. Wenn zwar geschlagen, aber der Ball verfehlt wurde, war das ein *strike*. Ein Wurf, der außerhalb des Quadrats landete, war ein *ball*. Wenn man den Ball schlug und der Werfer oder der Feldspieler fing ihn, war es ein *out*.

Das Spiel machte Spaß und konnte stundenlang weitergehen, was es oft auch tat. Aber auch so hatte ich nach ein paar Wochen „Kinderkram" Lust, mal wieder Pferde zu sehen. Also stand ich einmal etwas früher auf, sprang auf mein Rad,

„Vertraut er Ihnen, kann er seinen Frieden mit Ihnen machen. Aus dem Gefühl von Ruhe und Frieden heraus kann er weich werden."

bevor meine Kumpels auftauchen konnten, und machte mich auf zum Anwesen des alten Mannes. Ich weiß noch, dass mein erster Tag zurück in jenem Jahr ziemlich unzeremoniös verlief. Ich fuhr in den Hof, als der alte Mann gerade eine Schubkarre Mist von einer Box am nördlichen Ende zum Misthaufen im Süden schob. „Es sind noch drei Boxen auszumisten", sagte er, fast ohne aufzuschauen und ohne „Hallo" zu sagen. Aber besonders redselig war er ja nie gewesen. Also ging ich in den Stall, packte eine Mistschaufel und machte mich ans Werk.

Wie im vergangenen Jahr waren einige der Pferde, die ich gekannt hatte, nicht mehr da, verkauft an Leute, die ein gutes Reitpferd gesucht hatten. An ihrer Stelle standen neue, junge und ältere. Alle würden irgendwann verkauft werden und ein neues Zuhause finden. Das war ziemlich sicher.

Der Schwarze war noch da, aber ich erkannte ihn kaum wieder. Sein Fell war glatt und glänzend, die Beulen und Schrammen waren verschwunden, Mähne, Schweif und Stirnschopf waren gekürzt und entfilzt. Außerdem war er ungefähr 150 Pfund schwerer. Aus noch einem Grund hatte ich ihn zuerst nicht gleich erkannt: Er war nicht mehr in seinem alten Paddock. Er war in überhaupt keinem Paddock, sondern stand mit einigen anderen Pferden auf der Koppel, etwas, was ich nie für möglich gehalten hätte.

Der erste Morgen verging, ohne dass ich viel von dem alten Mann gesehen hätte. Dass ich da war und ein paar Routinearbeiten erledigen konnte, ließ ihm Zeit für die Arbeit mit ein paar Pferden, und genau dem widmete er sich. Erst am späten Morgen begegnete ich ihm, als er im Stall gerade einen jungen braunen Wallach absattelte, den er eine Stunde oder so geritten hatte. Ich nützte die Gelegenheit und erkundigte mich nach einigen der Pferde, die ich im Vorjahr gekannt hatte und die nun nicht mehr da waren. Eine nette kleine Stute namens Betty, die ich recht gern gehabt hatte, war an ein kleines Mädchen gegangen, das sie in Jugendprüfungen einsetzen wollte. Ein großer Wallach namens Max war zu einem Mann unten im Süden gegangen. Ein anderer war nun Familienpferd ganz in der Nähe, und ein weiteres Pferd ging irgendwo im Osten vor dem Buggy einer älteren Dame.

„Und was ist mit dem Schwarzen?", fragte ich. „Ist er das da draußen auf der Koppel?"

„Das ist er", sagte der alte Mann ruhig und warf den Sattel über eine halbhohe Zwischenwand.

„Sieht gut aus", meinte ich. Mein Wissen über Pferde reichte gerade dazu aus, das zu erkennen.

„Hatte einen guten Winter." Der alte Mann band den Braunen los und führte ihn aus dem Stall. Ich nahm an, damit war unsere Konversation über den Schwarzen zu Ende. Der alte Mann machte das nächste Pferd fertig und ich – nun, ich hatte noch mehr Mist zu schaufeln. Keiner von uns hatte Zeit für leeres Gerede.

Es vergingen einige Tage. Die vom Vorjahr vertraute Routine spielte sich wieder ein. Für mich bedeutete dies, Stallarbeit am Morgen, ein wenig Reiten am Nachmittag, gefolgt von weiterer Stallarbeit. Der alte Mann arbeitete mal mit diesem, mal mit jenem Pferd, manchmal vom Sattel, manchmal im Round Pen vom Boden aus. Immer aber folgte ein Pferd dem anderen, dazwischen blieb kaum Zeit.

Eines Nachmittags wollte ich ein Pferd holen, das mit dem Schwarzen zusammen auf einer Koppel stand. In diesem Sommer war es das erste Mal, dass ich zu dieser speziellen Koppel ging, und ich dachte (oder vielleicht hoffte ich auch), der Schwarze würde ans andere Ende rennen, sobald ich die Koppel betrat. Nach allem, was im letzten Sommer passiert war, hatte ich schließlich keinen Grund, irgendetwas anderes anzunehmen.

Das Pferd, das ich an diesem Nachmittag reiten sollte, war eine Paint-Stute mit einem blauen Auge. Sie stand nur ein paar Meter vom Tor entfernt, und im Nu hatte ich sie aufgehalftert. Als wir fast am Tor waren, hörte ich, wie von hinten ein Pferd angetrabt kam. Einschließlich dem Schwarzen standen noch drei weitere Pferde auf der Koppel, und ich dachte, eines der beiden anderen käme uns nach, um zu sehen, was los war. Wahrscheinlich deshalb war ich auch so verblüfft, als ich mich umdrehte und den Schwarzen hinter uns hertraben sah.

Vergessen Sie nicht, die letzten Anweisungen bezüglich des Schwarzen hatten im letzten Jahr gelautet, ich solle mich von ihm fernhalten, weil er unberechenbar und gefährlich sei. Auch als ich ihn gegen Ende des Sommers gefüttert hatte, hatte ich immer auf einen erheblichen Sicherheitsabstand vom Zaun geachtet. Und jetzt kam er hinter mir her, und ich war auf der falschen Seite vom Zaun!

Ohne einen weiteren Gedanken ließ ich den Führstrick fahren und rannte so schnell ich konnte zum Tor. Verzweifelt fummelte ich am Riegel herum, aber vor lauter Eile bekam ich ihn nicht auf. In Panik sah ich einige Male zum Riegel und über die Schulter wieder zum Schwarzen, der nun vom Trab zum Galopp überging. Mir schien, es war höchste Zeit, den Riegel zu vergessen und zu Plan B überzugehen.

„*Whoaaah!*" Ich warf mich über das Tor, wie mir schien, nur noch Zentimeter vom Schwarzen entfernt. Meine Landung auf der anderen Seite verlief nicht ganz nach Plan. Ich hatte wohl gehofft, auf den Füßen zu landen, aber stattdessen kam ich mit der linken Ferse zuerst auf, dann mit der rechten Seite meines rechten Fußes, dann mit dem Rücken und zuletzt mit dem Kopf. Ich rollte mich herum und krabbelte auf Händen und Knien so schnell es ging vom Tor weg. Ich krabbelte ziemlich weit, bevor ich mich traute, über die Schulter zurückzuschauen, was der Schwarze machte. Sehr zu meiner Überraschung stand er einfach am Tor und sah mit gespitzten Ohren in meine Richtung, als wolle er sagen: „Hmmm, so was habe ich ja noch nie gesehen."

Ich verlangsamte mein panisches Krabbeln zu einem Kriechen und hielt schließlich an. Außer Atem, aber endlich in sicherer Entfernung, drehte ich mich um und saß ein paar Minuten nur da, um wieder zu Atem zu kommen und darüber nachzudenken, wie ich zurück in die Koppel kommen und meine Paint-Stute holen könnte – die im Übrigen noch mein Halfter trug und den Führstrick, den ich losgelassen hatte, hinter sich herzog.

Als ich so im Dreck saß und über meine Situation nachdachte, kam der alte Mann vorbei, ein breites Grinsen im Gesicht. „Er wollte doch nur Hallo sagen."

Und tatsächlich, als der alte Mann ans Tor kam, hängte der Schwarze ganz lieb den Kopf über den Balken, damit der alte Mann ihn streicheln konnte. Was dieser auch tat.

Der alte Mann drehte sich zu mir um. „Er hatte einen guten Winter."

Damals wusste ich es noch nicht, aber den Winter über hatten der alte Mann und der Schwarze das durchlaufen, was ich jetzt die zwei ersten Stadien auf dem Weg zur Weichheit nennen würde. Meiner Meinung nach gibt es fünf Stadien. Das erste ist Beständigkeit. Ob mit Menschen oder Pferden, je beständiger Sie dem anderen gegenüber sind, desto zuverlässiger erscheinen Sie diesem. Weiß der andere erst einmal, dass er sich auf Sie verlassen kann, kann er anfangen, Ihnen zu vertrauen. Vertraut er Ihnen, kann er seinen Frieden mit Ihnen machen. Aus dem Gefühl von Ruhe und Frieden heraus kann er weich werden.

Der Schwarze hatte die Beständigkeit des alten Mannes durch dessen Verhalten und das reglementierte Futterprogramm im vorigen Sommer erlebt. Als er verstanden hatte, dass er sich auf den alten Mann verlassen konnte, kam er allmählich aus der Deckung, wenn dieser in der Nähe war. Als es so weit war, ging der alte Mann zum Ausmisten in den Paddock hinein. Wie er mir später erzählte, war er einfach hineingegangen, als sei das Pferd gar nicht vorhanden. Er hatte den Schwarzen total ignoriert und sich einfach ans Ausmisten gemacht. Nach einer Weile hatte die Neugier gesiegt, und der Schwarze war hergekommen, um ihn zu beschnuppern.

„Je näher er heranzukommen versuchte", der alte Mann kicherte, als er mir die Geschichte an einem verregneten Nachmittag erzählte, „je näher er heranzukommen versuchte, desto weiter bewegte ich mich weg von ihm. So sehr er sich auch bemühte, er konnte anscheinend nie nahe genug an mich herankommen."

Ich hörte ihm gern zu. Es war eine der wenigen Gelegenheiten, wo der alte Mann einmal lebhaft wirkte. Normalerweise war er ziemlich gedämpft, aber irgendetwas an diesem

Pferd schien ihn wirklich in Hochstimmung zu versetzen, und es fiel ihm schwer, dies zu verbergen.

„Aber dann", fuhr er fort und zog an seiner allgegenwärtigen Zigarette, „hab' ich an einem Nachmittag mal wieder seinen Paddock sauber gemacht, und der Schwarze hat wie immer versucht, mich zu beschnuppern. Und ich bin immer wieder von ihm weggegangen. Er dachte, ich wüsste nicht, wo er war, weil ich ihm den Rücken zukehrte, aber ich wusste es die ganze Zeit. Jedenfalls, ich stehe also da und sammle Pferdeäpfel ein, und plötzlich bekomme ich einen Mordsstoß in den Rücken. Wäre fast umgefallen." Er machte eine Pause und gluckste leise vor sich hin, bis das Glucksen in einen leichten Hustenanfall überging. „Vermutlich konnte er es keine Minute länger mehr aushalten." Es war schwer zu sagen, wo der Husten des alten Mann aufhörte und das Gelächter begann, oder ob es umgekehrt war. „Von da an war er viel leichter zu haben. Und ist es seitdem auch geblieben."

Der alte Mann streichelte immer noch dem Schwarzen den Kopf, während ich am Boden saß. „Komm 'rüber", sagte er. „Er wird dich schon nicht beißen."

Zwar war der alte Mann für den Schwarzen beständig und zuverlässig gewesen, und der Schwarze war beständig und zuverlässig für den alten Mann gewesen, ich dagegen gehörte hier nicht dazu. Mit anderen Worten, der alte Mann und der Schwarze hatten vielleicht diese ersten beiden Stadien auf dem Weg zur Weichheit durchlaufen, der Schwarze und ich jedoch nicht. Und ich sage es nur sehr ungern – ich hatte einige Mühe, in dem Wallach etwas anderes als das schmutzige, verängstigte, halb gefährliche Pferd in dem Paddock ganz hinten zu sehen, auch wenn er jetzt völlig anders aussah und mir der alte Mann versicherte, dass er auch anders war.

Ich kam auf die Füße und bewegte mich widerwillig in Richtung Tor, wo der alte Mann mit dem Schwarzen stand.

„Komm her, streichle ihn, wenn du willst", sagte der alte Mann.

In sicherem Abstand – oder was ich bei einer möglichen Beißattacke des Schwarzen dafür hielt – blieb ich stehen und versuchte, mir nicht anmerken zu lassen, dass ich Angst hatte. Eine lange Zeit, wie mir schien, standen wir drei nur da.

„Ich sag' dir was", sagte der alte Mann ruhig, nahm seinen Gürtel ab und legte ihn dem Schwarzen sanft um den Hals. „Ich muss ihn mitnehmen in den Stall und ihn füttern. Warum gehst du nicht rein und holst dir Ginger raus. Sie sieht aus, als hätte sie ein bisschen Bewegung nötig." Der alte Mann öffnete das Tor und führte den Schwarzen hinaus. Ich ließ den beiden reichlich Platz.

Wir waren an einem interessanten Punkt, wir drei. Der alte Mann hatte unzählige Stunden damit verbracht, dem Schwarzen seine Beständigkeit zu beweisen, und das hatte dazu geführt, dass der Schwarze ihn tatsächlich als beständig betrachtete und nun anfing, ihm zu vertrauen. Und dies wiederum hatte dazu geführt, dass der Schwarze nicht länger verängstigt und unberechenbar war.

Jetzt allerdings war der Spieß umgedreht: Der Schwarze hatte keine Angst mehr, aber dafür ich. Trotzdem gab es auch eine gute Nachricht. Bevor dies alles zu Ende war, würde der Schwarze das, was der alte Mann für ihn getan hatte, für mich tun.

VERTRAUEN

Ich befand mich in einer Zwickmühle. Bisher war der Schwarze tagsüber auf der Weide gewesen, und ich hatte überhaupt nichts mit ihm zu tun gehabt. Das war auch gut so, denn meine Furcht vor ihm hatte irgendwie die Oberhand über mich gewonnen. Es ist komisch, dass die Tatsache, dass der alte Mann mich einmal vor dem Pferd gewarnt hatte, mir solch einen Todesschrecken einjagen konnte, aber so war es nun mal. Er hatte mich nie zuvor vor einem Pferd gewarnt, und als er es ein Mal doch tat, hatte es mich wohl auch entsprechend beeindruckt.

„Der Braune und die Paint-Stute hatten die Tortur verhältnismäßig schnell überstanden und waren nach wenigen Tagen schon wieder auf der Koppel."

Eines schönen Morgens jedenfalls hatte ich gerade eine Schubkarre voll Heu um die Stallecke geschoben, als ich mich plötzlich Auge in Auge dem Schwarzen gegenübersah, der in einem der Paddocks stand. Ich blieb stockstill stehen.

Es kam völlig unerwartet. Wenn er in einem der Paddocks stand, war es meine Aufgabe, ihn zu füttern, zu tränken
und diesen Paddock mit ihm darin auszumisten, wie bei allen
Paddocks in dieser Reihe, wenn Pferde darinstanden. Ich stand
da und sah ihn an, so wie er mich ansah, und mein Mund
wurde trocken, meine Handflächen wurden feucht, und meine Knie begannen zu zittern. Als ich so dastand und dieses
Pferd ansah, wurde mir eines sehr schnell sehr klar. Mir blieb
nur eine einzige Option – ich würde gehen müssen.

Der alte Mann lebte in einer Hütte etwa drei Meilen entfernt, und er war auf der Ranch heute noch nicht aufgetaucht.
Wenn ich also meine Karten richtig ausspielte, würde er nie
wissen, dass ich überhaupt hier gewesen war. Ich hatte nichts
weiter zu tun, als die Schubkarre zurück zum Heuschober zu
bringen, das Heu neben den Ballen zu legen, von dem ich es
genommen hatte, mich auf mein Fahrrad zu schwingen und
die Fliege zu machen. Und genau das tat ich. Es tat mir leid,
dass ich die Pferde, die sich schon leise bullernd auf ihr Früh-
stück gefreut hatten, enttäuschen musste, aber vermutlich
auch wieder nicht so leid, dass es die Aussicht, zu dem Schwarzen in den Paddock gehen zu müssen, wettgemacht hätte.
Allein bei dem Gedanken daran wurde mir schon fast übel.
Außerdem würde der alte Mann bald genug eintreffen und
sich um sie kümmern.

Als ich so schnell ich konnte nach Hause radelte, recht-
fertigte ich mein Vorgehen vor mir selbst damit, dass ich sowieso nicht unbedingt dort sein musste. Der alte Mann und
ich hatten nie eine formelle Vereinbarung getroffen, was meine Anwesenheit dort betraf. Ich trudelte einfach gelegentlich
ein, blieb, solange ich wollte, und ging heim, wenn mir danach
war. Manchmal war ich den ganzen Tag da, manchmal nur ein

paar Stunden, und manchmal überhaupt nicht. Dies würde einer der Überhaupt-nicht-Tage sein, der morgige vielleicht auch, und der danach möglicherweise ebenfalls.

Eine der Regeln im Drei-Mann-Baseball lautete, dass man nach dem dritten *Out* vom Schlagmann zum Werfer wurde. Der Feldspieler kam herein und wurde Schlagmann, und der vormalige Werfer ging nach draußen. Ich war Feldspieler und erwischte den Ball, der für Speedy Denslow das dritte Out war. Als ich mich für meine ersten paar Schläge bereit machte, hörte ich ein sehr vertrautes Geräusch die Straße herunterkommen, einen 1949er Ford Pickup mit einem kaputten Auspuff – der Pickup des alten Mannes.

Meine Aufmerksamkeit wanderte genau in dem Augenblick zu dem Pickup, als der erste Wurf an mir vorbeizischte und mitten in der *Strike Zone* landete, zur lautstarken Begeisterung meiner beiden Mitspieler. Es war der ideale Wurf für mich gewesen, einer, den ich normalerweise weit über den Kopf des Feldspielers hinweg geschlagen hätte. Ihr wenn auch freundschaftliches Hohngelächter war verdient.

Der alte Mann hielt in vielleicht fünfzig Metern Entfernung von unserem Spielfeld an. Ich konnte ihn hinter dem Steuerrad sitzen und rauchen sehen. Plötzlich rauschte der zweite Wurf an mir vorbei. Zum Glück war er ein wenig verzogen und zählte nicht als *Strike*. Ich schaute hinüber zu dem alten Mann. Es war drei Tage her, dass ich in schierer Panik den Stall verlassen hatte, und ich konnte mir nicht vorstellen, warum er hier war.

Der dritte Wurf heulte heran, und ich probierte einen halbherzigen Schlag, der ihn pfeilgerade in die Luft beförderte, nur wenige Meter von mir entfernt. Es würde für Speedy ein Leichtes sein, die kurze Entfernung zwischen dem Werfer und mir zurückzulegen, bevor der Ball wieder herunterkam. War es auch. Mein erstes Out.

Ich sah wieder zurück zum Pickup. Der alte Mann hatte sich nicht gerührt. Er saß einfach nur da und zog an seiner Zigarette. Je länger er dort saß, desto neugieriger wurde ich. War er nur zufällig vorbeigekommen und hatte mich gesehen? Wusste er, dass ich vor drei Tagen dort gewesen und weggelaufen war? War er sauer auf mich? Es war seltsam. Er war noch nie hierhergekommen, wo ich lebte.

Jedenfalls siegte die Neugier, und bevor Speedy wieder auf Position war, rief ich eine Auszeit aus.

„Wo gehst'n hin?", rief Jimmy Parks vom Feld. Je schneller ich meine drei Outs bekam, desto schneller würde er schlagen können. Alles, was ihn am Schlagen hinderte, war traditionsgemäß für ihn ein Ärgernis.

„Nur 'ne Minute", rief ich. „Bin gleich wieder da."

Ich nahm den Schläger mit – es war der einzige, den wir hatten, und ich wollte nicht, dass Jimmy auf dumme Gedanken kam, während ich weg war –, und trottete zum Pickup hinüber. „Hi", sagte ich, als ich an die Beifahrertür herantrat, allerdings nicht allzu nah.

„Bist länger nicht mehr da gewesen", sagte er und schnippte die Asche seiner Zigarette auf den Wagenboden (was nichts ausmachte, weil der größte Teil einfach durch die Löcher im Fußraum durchfiel). „Wollte nur sehen, ob du okay bist."

„Jep", sagte ich. Ich lehnte an der Wagentür und tippte mit dem Schläger auf meine Zehen. „Ich spiel' nur ein bisschen Baseball mit meinen Freunden."

Er nickte langsam, als ob sagen wollte: Stimmt, das tust du. „Haste vor, bald mal wieder vorbeizukommen?"

„Ähh", sagte ich und sah zurück zu Speedy und Jimmy. Jimmy warf die Hände hoch, als wollte er sagen: *Komm schon, wir haben nicht den ganzen Tag Zeit!* „Wir sind gerade mitten in einem Spiel."

Er nickte wieder und nahm einen weiteren Zug. „Ich frage nur, weil ich da draußen 'n kleines Problem hab, das ich nicht so einfach allein lösen kann. Ich könnte deine Hilfe brauchen."

„Was für ein Problem?", fragte ich.

„Ich glaub', das muss ich dir zeigen", antwortete er. „Ist schwer zu beschreiben."

Sehr lange kannte ich den alten Mann noch nicht, aber in dieser Zeit hatte ich noch nie erlebt, dass er mit einem Problem nicht allein fertig geworden wäre. Eigentlich hatte ich sogar manchmal gedacht, dass er mich nur bei sich behielt, damit er etwas zum Lachen hatte. Der ganze Blödsinn, den ich, ohne es zu wollen, dort angestellt hatte, musste ihm sehr viel Spaß gemacht haben. „Wann würden Sie mich denn brauchen?", fragte ich schließlich.

„Je früher, je besser." Er drückte die Zigarette mitten auf dem Lenkrad aus.

„Komm schon!", schrie Jimmy vom Feld her. „Spielen wir nun oder was?"

„Ich komme!", brüllte ich, und anscheinend hatte ich den alten Mann mit meinem Stimmvolumen überrascht, denn als ich mich zu ihm umdrehte, hatte er eine Augenbraue hochgezogen. „Ich kann gleich danach kommen", sagte ich, diesmal etwas ruhiger.

„Gut", nickte er. „Bis dann."

Er legte den Gang ein und fuhr an. „Je früher, je besser", wiederholte er im Wegfahren.

Okay, ich ging also nicht gleich zu dem alten Mann. Wir beendeten das Spiel, das im Gange gewesen war, und fingen das nächste an. Als auch dieses vorüber war, ging ich nach Hause, aß etwas zu Mittag, hing ein Weilchen im Haus herum, fuhr mit dem Rad hinunter zu dem kleinen Gemischtwarenladen an der Ecke und kaufte mir ein paar Bonbons. Dann fuhr ich zu einigen Freunden nach Hause und sah nach, ob sich dort irgendetwas tat, aber es war niemand daheim. Als mir gar nichts mehr einfiel, was mich daran gehindert hätte, zu dem alten Mann zu fahren, radelte ich schließlich los.

Als ich in seinem Anwesen ankam, galt mein erster Blick der Koppel: Der Schwarze stand nicht darauf. Ich lehnte mein Rad wie immer gegen die Wand der Sattelkammer und ging um den Stall herum zu den Paddocks. Auch hier kein Schwarzer. Schon ging es mir etwas besser. Wenn ich Glück hatte, war er inzwischen verkauft oder aus dem Paddock gesprungen und verschwunden oder sonst was. Mir war alles recht, solange er nur nicht da war.

„Hier drin", kam die Stimme des alten Mannes aus dem Stall.

Ich ging die Stallgasse zwischen den Anbindeständern hinunter, konnte aber nichts Außergewöhnliches feststellen. Auf halber Höhe zweigte ein Gang ab, der zu einem Boxenstall führte. Dort war der alte Mann.

Als ich um die Ecke und in diesen Teil des Stalls kam, sprang mich das Problem, von dem der alte Mann gesprochen hatte, geradezu an. In der Box links stand der Schwarze, ihm gegenüber die Paint-Stute mit dem einen blauen Auge und neben ihr ein kleiner brauner Wallach. Alle drei Pferde waren verschwollen und sahen wie aufgepumpt aus, am schlimmsten aber der Schwarze.

„Wow", war alles, was ich sagen konnte. „Was ist passiert?"

„Soweit ich's mir zusammenreimen kann, sind sie drüben bei den Bäumen in ein Hornissennest geraten", sagte der alte Mann.

Ich ging hinüber zur Box der kleinen Stute und schaute hinein. Sie hatte am ganzen Körper, besonders aber am Hinterteil, Beulen von der Größe eines Golfballs. Bei dem Braunen war es ähnlich, aber der Schwarze sah schlimm aus – wirklich schlimm. Sein Gesicht war so geschwollen, dass er kaum die Augen öffnen konnte, seine Nase schien fast komplett zugeschwollen, und er atmete mühsam. Der ganze Körper war von Hunderten großer Knoten übersät, manche so groß wie ein Golfball, aber viele mehr wie meine Faust. Er sah wirklich zum Erbarmen aus.

Ich stand an der Tür zu seiner Box. Wegen der maßlosen Angst, die ich früher vor ihm gehabt hatte, war ich ihm noch nie so nahe gekommen. Als er jetzt so dastand, den Kopf fast bis auf Kniehöhe gesenkt und mit pfeifendem Atem, sah er allerdings nicht allzu Furcht erregend aus. „Wird er das überstehen?", fragte ich.

„Der Tierarzt hat ihm irgendwas gespritzt." Der alte Mann öffnete die Boxentür und ging zu dem Schwarzen hinein. „Und er hat mir diese Salbe gegeben, die ich auf die Stiche schmieren soll." Er ging zum Ende des Stalls und holte von einem schmalen Regalbrett einen kleinen Glastopf mit einem Deckel herunter.

„Hab' sie alle eingeschmiert", sagte er und brachte den Salbentopf mit. „Bis auf die in seinen Ohren und in der Nase. Meine Finger sind zu dick. Er ist so zugeschwollen, und wenn ich versuche, meine Finger hineinzustecken, tut es ihm scheinbar weh:"

Der alte Mann schraubte den Deckel ab und streckte mir langsam den Topf entgegen. „Könntest du versuchen, ihm etwas von der Salbe in die Ohren und in die Nase zu schmieren?"

Ich hatte keine Angst mehr, ich hatte nur einfach schreckliches Mitleid für beide: für den Schwarzen, weil er solche Schmerzen hatte, und für den alten Mann, der ihm nur zu gern geholfen hätte, aber nicht konnte. Ich nahm den Topf und ging langsam hinüber zu dem schwarzen Wallach. Er rührte keinen Muskel.

„Wie soll ich es machen?", fragte ich und drehte mich um zu dem alten Mann.

„Nimm ein bisschen Salbe auf den Daumen." Mit der Hand machte er eine Bewegung, als ob er den Daumen ins

Glas tauchen wollte. „Dann fährst du ihm einfach mit dem Daumen ins Ohr, da hinein, und reibst die Salbe innen hinein. Nicht viel drücken, aber streich die Stiche möglichst dick ein."

Als ich dem Wallach die Salbe ins Ohr rieb, bewegte er ein wenig den Kopf, aber nicht viel. Seine Ohrmuscheln waren so geschwollen, dass mein Daumen kaum hineinpasste. Ich konnte also verstehen, dass der alte Mann seine Mühe gehabt hätte. Ich brachte so viel Salbe ins Ohr hinein, wie ich konnte, was nicht allzu viel zu sein schien, bevor ich mich dem anderen Ohr zuwandte. An diesem schien er noch etwas empfindlicher zu sein, aber nach einem schwachen Protest ließ er mich machen.

Der Schwarze hatte auch einige Stiche auf der Innenseite der Nüstern, und auch diese strich ich mit Salbe ein.

„Ich muss ihn ein paar Tage lang mehrmals am Tag mit dieser Salbe einreiben", sagte der alte Mann, als ich fertig war. „Meinst du, du könntest herkommen und seine Ohren machen?"

„Ja", erklärte ich zuversichtlich. „Das kann ich machen."

„Gut", nickte der alte Mann. Ich glaube, dieses Nicken galt zweifach, einmal als Anerkennung, dass ich es wirklich *konnte*, und vielleicht außerdem als kleines Dankeschön.

Der Braune und die Paint-Stute hatten die Tortur verhältnismäßig schnell überstanden und waren nach wenigen Tagen schon wieder auf der Weide. Die Hornissen hatte der alte Mann noch am selben Tag ausgerottet. Der Schwarze aber hatte nicht so viel Glück. Er hatte eine massive Reaktion auf die Stiche und nahm drei Tage lang nichts zu sich, weder Futter noch Wasser. Der alte Mann sprach es nie aus, aber ich glaube, er machte sich große Sorgen um ihn.

Jeden Morgen und jeden Nachmittag gingen wir zwei getreulich ans Werk und rieben den Schwarzen mit der Salbe ein. Der erste Salbentopf hielt nicht lange, wir brauchten einen zweiten und dann einen dritten. Anfangs war kaum eine Besserung zu sehen, aber nach ungefähr einer Woche schien die Schwellung teilweise zurückzugehen, und er hatte wieder mehr Appetit.

In dieser Zeit sah ich drei oder vier Mal am Tag nach dem Schwarzen, abgesehen von dem zweimaligen Verarzten. Alle paar Stunden ging ich zu ihm in die Box, streichelte ihn und sprach ein paar Minuten mit ihm, bevor ich wieder an meine Arbeit ging. Es war komisch, wie schnell meine Angst vor dem Wallach sich verflüchtigte. Ich stellte fest, dass er eigentlich ein sehr nettes Pferd war. Jedenfalls nicht annähernd das Monster, zu dem mein Unterbewusstsein ihn gemacht hatte. Natürlich hatte es auch etwas damit zu tun, dass er krank war und litt wie ein Hund. Nichtsdestotrotz trug die Ruhe, die er in meiner Gegenwart zeigte, einiges dazu bei, mein Vertrauen zu ihm aufzubauen.

Sobald die Schwellungen zurückgingen, holte ich den Schwarzen auf Geheiß des alten Mannes jede Stunde heraus und führte ihn ein paar Minuten herum. Die ersten paar Male bewegte er sich langsam und mit Mühe; es kostete ihn seine ganze Kraft, nur aus der Hintertür hinaus, um den Stall herum, zur Vordertür wieder hinein und in seine Box zu gehen. Aber auch wenn diese Spaziergänge körperlich noch so anstrengend für ihn waren, schien er sie doch auch zu genießen. Wenn ich ihn holen kam, stand er schon an der Boxentür und grummelte.

Ein paar Mal hatte er sich sogar, wenn ich ihn in die Box gebracht und das Halfter abgenommen hatte, umgedreht, hatte den Kopf an meinen Arm gelehnt und war eine ganze Weile so stehen geblieben. Schließlich hatte ich ihm über den Hals gestrichen, hatte ihm versprochen, bald wiederzukommen, und war zurück an meine Arbeit gegangen.

Nach ein paar Wochen ging es dem Schwarzen viel besser, und wir stellten ihn um von der Box in einen Paddock.

„Ich ließ den Schwarzen los und erwartete, dass er auf und davon galoppieren würde, besonders als eines der anderen Pferde uns schließlich entdeckte und wieherte."

Ironischerweise war es derselbe Paddock, in dem er an dem Morgen gestanden hatte, als ich in Panik davongerannt war. Als wir ihn in den Paddock brachten, mussten nur noch wenige Stellen mit der Salbe behandelt werden, und das erledigte ich selbst, weil ich den alten Mann nicht damit behelligen wollte.

Bald merkte ich, dass der Schwarze jedes Mal, wenn er mich sah, ob ich nun zu seinem Paddock kam, um ihn zu füttern, zu verarzten oder ihn zum Spazierengehen herauszuholen, oder ob ich einfach nur vorbeiging, ans Tor kam und mich angrummelte. Das war ein gutes Gefühl, hauptsächlich weil mich noch nie zuvor ein Pferd auf diese Weise begrüßt hatte, aber auch, weil er das nicht einmal bei dem alten Mann machte.

„Dieses Pferd mag dich wirklich", sagte der alte Mann eines Nachmittags, als er sah, wie der Schwarze am Tor stand und wieherte. „Vergiss das nicht, weil was dieses Pferd dir gibt – also, das passiert nicht alle Tage."

Innerhalb eines Monats ging ich mit dem Schwarzen auf dem ganzen Anwesen spazieren, auch dann noch, als es ihm so gut ging, dass es eigentlich nicht mehr nötig war. Wir gingen durch die weiten Felder hinter dem Stall, die Wanderwege oder die aufgelassenen Bahngleise entlang und an den kleinen Bach. So ziemlich überallhin, wo es mir einfiel. Manchmal war ihm irgendetwas nicht ganz geheuer, aber mit etwas Überredung ging er dann doch mit. Und manchmal war ich mir nicht ganz sicher, und dann übernahm er die Führung und brachte uns beide durch.

Es war und ist verblüffend für mich, wie weit wir beide zusammengekommen waren. Vom schieren Schrecken des Anfangs war es so weit gekommen, dass ich freiwillig Tag für Tag gerade mit ihm spazieren gehen wollte. Das Komische daran war, dass alles so leicht und natürlich vonstatten gegangen war, dass ich es kaum gemerkt hatte. Vermutlich war es die Beständigkeit, die wir uns gegenseitig erwiesen, die schließlich dazu führte, dass wir uns vertrauen lernten. Am Ende half zwar ich ihm, aber gleichzeitig half auch er mir.

Eines schönen Morgens hielt mich, bevor ich noch das Frühstücksheu fertig machen konnte, der alte Mann auf. Während ich noch Heu auf die Schubkarre packte, sagte er: „Ich glaube, dem Schwarzen geht es in letzter Zeit ziemlich gut. Warum holst du ihn nicht heraus und bringst ihn auf die große Weide?"

„Nur für den Morgen?", fragte ich. Auf die große Weide stellte er normalerweise Pferde, mit denen er sich voraussichtlich eine Weile nicht beschäftigen würde. Meist standen sie tage- oder wochenlang dort herum, bis er Zeit fand, mit ihnen zu arbeiten. Der alte Mann hatte doch sicher nicht vor, den Schwarzen für längere Zeit dort draußen zu lassen.

„Nö", war die Antwort. „Er kann eine Weile dort draußen bleiben. Wird ihm gut tun, aus dem kleinen Paddock herauszukommen – mal die Beine strecken."

Die große Weide lag am weitesten weg vom Stall, links von der Zufahrt, direkt an der Straße. Den Großteil meiner Arbeit verrichtete ich im und um den Stall herum, es würde für mich also schwierig werden, einfach mal vorbeizukommen und ihn, wie ich es bisher getan hatte, für einen unserer Spaziergänge herauszuholen. Als ich dies dem alten Mann gegenüber erwähnte, drückte er mir einfach das Halfter in die Hand und sagte nur: „Wir haben auch noch andere Pferde."

Als ich den Schwarzen zur großen Weide brachte, standen dort schon fünf oder sechs andere Pferde, ein paar Hundert Meter entfernt am anderen Ende. Sie sahen uns nicht gleich. Ich ließ den Schwarzen los und erwartete, dass er auf und davon galoppieren würde, besonders als eines der anderen Pferde uns schließlich entdeckte und wieherte. Der Schwarze spitzte die Ohren, hob den Kopf und wieherte Antwort, woraufhin auch die anderen Pferde auf der Weide aufhörten zu grasen und die Köpfe hoben.

Ich trat zurück, um ihm Platz zu lassen, denn ich erwartete, dass er lospreschen würde. Zu meiner großen Überraschung drehte er sich aber zu mir um und legte mir kurz den Kopf auf den Arm, wie er es im Stall getan hatte, als er krank war. Er blieb nur ein oder zwei Sekunden so stehen, dann trat er ein paar Schritte zur Seite und raste los, so schnell er nur konnte.

Er raste an den Pferden vorbei, die ihm entgegengaloppiert kamen und nun auf dem Absatz kehrtmachten. Alle drehten um und rannten mit ihm von einem Ende der Weide zum anderen und wieder zurück, eine Woge fliegender Mähnen, im Winde wehender Schweife und hoch erhobener Köpfe. Einmal kamen sie voll auf mich zu, der Schwarze vorneweg. Ich sah sie kommen und dachte nur, wie wunderbar sie alle aussahen. Ich rührte mich nicht vom Fleck, und die Woge teilte sich und floss um mich herum wie um einen Felsen im Fluss, den das Wasser umspült.

Als ich wieder meiner Arbeit am Stall nachging, kam der alte Mann her zu mir. „Der Schwarze hat sie ganz schön in Fahrt gebracht, was?"

„Jep", antwortete ich. „Ich glaube, er war sehr froh, mal wieder herauszukommen."

„Sah aus, als ob sie dich da draußen fast überrannt hätten." In seiner Stimme klang ein kleines bisschen Besorgnis mit, aber nur ein kleines bisschen.

„Nö", antwortete ich lässig und schichtete Heu auf die Schubkarre. „Der Schwarze war vorne, und er würde mich nie umrennen."

„Ja?", sagte der alte Mann in fragendem Ton. „So viel Vertrauen hast du zu ihm?"

Ich legte die letzte Lage Heu auf die Schubkarre, drehte mich dann zu ihm um und sah ihn an. „Jep", sagte ich achselzuckend. „Ich glaub', das hab' ich."

Mit der Andeutung eines Lächelns drehte sich der alte Mann um und ging.

INNERE RUHE

Drei Wochen waren schnell vergangen, nachdem ich den Schwarzen auf die große Koppel gebracht hatte. Ich wollte, ich könnte sagen, ich hätte mir oft die Zeit genommen, ihn zu besuchen, aber die Wahrheit ist, dass ich ihn überhaupt nicht gesehen habe. Gleich nachdem ich ihn auf die Koppel gebracht hatte, brachte Johnson, von dem der alte Mann sein Heu kaufte, seinen ersten Schnitt herein, und wir waren mehr als beschäftigt damit, das Heu in die Scheune einzulagern.

Wir bekamen das Heu auf zwei verschiedene Arten. Entweder der alte Mann und ich fuhren zu Johnson hinüber, beluden

„Er hatte damals wirklich eine Menge Pferde."

den alten Pickup mit Heu und fuhren wieder heim. In diesem Fall ging die meiste Zeit damit drauf, das Heu wieder aufzusammeln, das der alte Mann auf dem Weg unbemerkt verloren hatte, weil er es nie festbinden wollte. Oder aber, manchmal beluden Johnson und seine Jungens ein paar Kipplader und brachten uns das Heu damit herüber. Bei uns kippten sie das Heu einfach neben das Tor des Heuschobers und fuhren wieder weg. Aufeinanderschichten mussten wir es selbst.

Gut war, dass um diese Zeit ein paar High School-Jungs auftauchten und uns mit dem Heu halfen. Einer hieß Mike, der andere Spitter (zu deutsch: Spucker), ein, wie ich fand, ungewöhnlicher Name für jemanden, der nicht wirklich so viel spuckte oder sabberte. Vermutlich war es einfach einer von diesen unglücklichen Spitznamen, die manchen Kindern früh angehängt werden und die sie nie mehr loswerden. Ich kann mich erinnern, dass ich ihn immer fragen wollte, wie er zu diesem Namen gekommen war, aber dann habe ich mich doch nie getraut. Manche Dinge bleiben wohl besser für immer ein Geheimnis, und diese Geschichte gehörte wahrscheinlich dazu.

Jedenfalls waren Mike und Spitter wohl immer mal wieder vorbeigekommen. Ich hatte sie früher schon ein paar Mal gesehen und hatte sogar den Eindruck, dass einer oder beide für das, was sie taten, Geld bekamen, im Gegensatz zu mir. Sie kamen jedoch bestenfalls sporadisch vorbei, meistens wenn eine größere Arbeit wie Heu einlagern oder Zäune reparieren anstand. Oder wenn dem alten Mann sein Pferdebestand über den Kopf wuchs und er Leute brauchte, die sie reiten konnten. Deshalb halfen die beiden, wenn das Heu erledigt war, dem alten Mann bei der Arbeit mit einigen seiner Pferde. Damals stand eine ganze Menge davon herum, und der alte Mann hatte schon etwas von „Herde verkleinern" gebrummelt. „Sie fressen mir noch die Haare vom Kopf", hatte er eines Tages gebrummt, als er gerade eine Fuhre Heu bezahlen musste.

Er hatte damals wirklich eine Menge Pferde, ungefähr vierzig oder fünfzig Stück. Da meine reiterlichen Fähigkeiten zu dieser Zeit noch ziemlich begrenzt waren, ritt ich immer die älteren oder gut ausgebildeten Pferde, die einfach nur Bewegung brauchten. Wirklich *geritten* sind nur der alte Mann und die beiden High School-Jungen. Sie ritten junge Pferde ein und korrigierten ältere, die irgendwelche Probleme hatten.

Nun war der alte Mann immer der Einzige gewesen, den ich jemals dort hatte reiten sehen, und bei ihm sah Reiten so mühelos aus, dass ich einfach annahm, so gut könnte ich nie werden. Dann kamen Mike und Spitter dazu, und auch sie ritten wirklich gut. Ich erinnere mich, wie ich sie beobachtet habe und zum ersten Mal dachte, wenn sie so reiten konnten, könnte ich das auch. Schließlich waren sie nicht viel älter als ich, auch wenn sie schon beide ihr eigenes Auto hatten und aussahen, als ob sie sich schon rasierten.

Jedenfalls war eines der Pferde, mit denen der alte Mann arbeitete, der Schwarze. Wie es anfangs ging, bekam ich leider nicht mit, weil ich entweder mit dem Heu beschäftigt war, Routinearbeiten erledigte oder einfach morgens nicht früh genug ankam, um noch zu sehen, wie der Schwarze geritten wurde. Wenn ich zu meiner üblichen Zeit in den Stall kam, hatte der alte Mann den Schwarzen schon gearbeitet. Deshalb sah ich ihn erst Wochen später unter Mike gehen, auf dem kleinen Platz im hinteren Teil des Anwesens. Es sah recht gut aus, so wie Mike ihn im Schritt, Trab und Lope ritt. Vielleicht nicht ganz so gut wie bei einigen anderen Pferden im Stall, aber wenn man bedachte, was er durchgemacht hatte, dann doch ziemlich gut. Ein paar Tage später sah ich, wie Spitter ihn auf der Weide ritt, und auch da sah er recht gut aus.

Mike, Spitter und der alte Mann ritten den Schwarzen den nächsten Monat oder so ziemlich ausgiebig, ihn und ein paar andere Pferde. Dann, ungefähr als alle Pferde eigentlich recht schön gingen, kamen Mike und Spitter nicht mehr, und ich war wieder allein mit dem alten Mann. Ich muss zugeben, dass es mir sehr viel besser gefiel, wenn ich mit ihm allein war. Mike und Spitter waren nicht übel, man konnte gut mit ihnen auskommen, aber es war doch nicht dasselbe, wenn sie da waren. Aus irgendeinem Grund war der alte Mann wesentlich stiller, wenn sie da waren. Er war sowieso nicht gerade der gesprächige Typ, aber wenn die Jungs (wie er sie nannte) hier waren, kam er mir noch viel stiller vor als sonst.

Bei dem alten Mann war ich eher unter der Woche. An den Wochenenden kam ich weniger hinaus. Am Samstagmorgen war ich meist mit Rasenmähen beschäftigt, etwas, was mir als Privileg vorgekommen war, solange ich noch klein war und meinem Dad helfen durfte. Aber als ich älter wurde und die Arbeit allein erledigen konnte, übertrug mir mein Dad die ganze Verantwortung dafür, und ich muss zugeben, mit der Zeit entwickelte es sich zu einer ziemlich öden und eintönigen Angelegenheit – vermutlich der Grund, weshalb sie mir überhaupt übertragen wurde.

Als ich an einem Montag, nicht lange, nachdem „die Jungs" nicht mehr kamen, wieder zur Ranch kam, stellte ich fest, dass einige der Pferde, die der alte Mann und die Jungs geritten hatten, nicht mehr da waren. Sie waren am Wochenende, als ich mit anderen Dingen beschäftigt war, an verschiedene Leute verkauft worden. Das eine Pferd, das immer noch da war, war der Schwarze.

Anscheinend hatten einige Leute ihn sich angesehen, aber er war dann doch nicht ganz das, was sie sich vorgestellt hatten. Jedenfalls war es das, was mir der alte Mann erzählte. Mir war das nur Recht, denn weil der Schwarze immer noch da war, hatte ich eine Chance, ihn zu reiten, selbst wenn es anfangs nur im Schritt im Round Pen war.

Mit meiner Reiterei war es damals wie gesagt noch nicht weit her, ich war keineswegs auf dem Stand der Jungs und des alten Mannes. Deshalb zögerte der alte Mann auch, als ich ihn fragte, ob ich den Schwarzen reiten dürfe. Erstaunlicherweise zögerte er aber nicht zu sehr und nicht zu lange. Als ich den Schwarzen das erste Mal im Round Pen herumlenkte, konnte ich kaum glauben, wie angenehm er sich anfühlte. Er war sehr ruhig, ließ sich leicht wenden und stoppte auf den Punkt. Auch rückwärts ging er ohne größere Probleme.

Der erste Ritt dauerte nur etwa eine halbe Stunde, dann wurde ich vom alten Mann zu anderen Arbeiten abberufen, aber ich muss gestehen, dass ich nach dem Ritt auf ihm ein ganz anderes Gefühl hatte als bisher auf anderen Pferden. Ich kann es nicht anders beschreiben als: Ich fühlte mich einfach wohl, vor, während und nach dem Ritt. Und nicht nur das, dieses Wohlgefühl, was den Schwarzen betraf, blieb mir, bis ich ihn nur drei Tage später wieder reiten durfte.

„Warum sattelst du dir nicht den Schwarzen?", fragte der alte Mann, als er an mir vorbei in die Sattelkammer ging. „Du kannst den reiten, und ich nehm' den Orangen. Wir gehen mit ihnen ein Weilchen auf den Trail." „Der Orange" war eigentlich ein Rotfalbe, und genau so sah er auch aus, wenn der Himmel bewölkt war. Schien aber die Sonne, schimmerten sein Fell, die Mähne, der Schweif und sogar seine Augen aus unerfindlichen Gründen in einem unheimlichen Orange-Ton. Ich wusste nie so recht, was ich von ihm halten sollte.

Der alte Mann und ich ritten hinten hinaus durch das kleine Tor, durch das man von seinem Anwesen in die Wildnis kam. Diese Wildnis bestand zum größten Teil einfach aus Bäumen, Büschen, Unkraut und ein paar Bächen. Durchzogen wurde das Gelände meilenweit von Pfaden, die wir nun gemächlich im Schritt entlangritten. Ungefähr eine Stunde waren wir unterwegs, immer im Schritt, und beide Pferde benahmen sich wirklich anständig, scheuten kaum und versuchten auch nicht, irgendwelchen Blödsinn zu machen. Ich genoss den Ritt, aber ich war auch immer wieder damit beschäftigt, „den Orangen" die Farbe wechseln zu sehen, wann immer sich eine Wolke vor die Sonne schob: von Rotfalb zu irisierendem Orange und wieder zurück zu Rotfalb. Komisch.

Zurück im Stall spürte ich wieder ein überwältigendes Gefühl von Ruhe, genau wie bei meinem letzten Ritt auf dem Schwarzen. Ich fühlte mich einfach gut – nichts, was mich und das Pferd betraf, machte mir irgendwelchen Kummer oder Sorgen. Es war, als passten wir beide zusammen wie eine Hand in ihren Handschuh. Sobald ich in seinem Sattel saß, war es, als wären wir unser ganzes Leben zusammen gewesen. Ich weiß, das klingt ein wenig seltsam aus dem Mund eines Reitanfängers, wie ich es damals war, aber es war wirklich ein wunderbares Gefühl.

Ungefähr eine Woche später, als ich alles erledigt hatte, was anlag, fragte ich den alten Mann, ob ich mit dem Schwarzen ein bisschen ausreiten dürfe.

„Das wird schon okay sein", nickte er und zündete sich eine Zigarette an. „Wo willst du hin?"

„Ich dachte, ich reite ein bisschen da herum, wo wir das letzte Mal waren, und komm dann wieder zurück."

Der alte Mann nahm den ersten Zug aus der Zigarette und ließ den Rauch langsam über die Lippen rollen. „Nicht mehr als das, was wir letztes Mal gemacht haben. Dann kommst du zurück."

„Ja, Sir." Ich war schon auf dem Weg zur Koppel, um den Schwarzen zu holen.

Eine halbe Stunde später war das Pferd eingefangen, geputzt, gesattelt, aufgetrenst und fertig zum Wegreiten. Wie vor einer Woche ging der Schwarze willig durch das Tor und wartete dann, bis ich das Tor geschlossen hatte und wieder aufstieg. Ebenso wie vor einer Woche machte er ruhig kehrt und ging den Pfad entlang. Ich meinerseits fühlte mich sofort wieder wohl auf seinem Rücken, und ich denke, er wusste es.

Kaum hatte ich mich wieder in den Sattel geschwungen, als wir auch schon in einem schönen, lebhaften Schritt unterwegs waren, jedenfalls bis wir vom Stallbereich außer Sicht waren, was infolge der Windungen des Pfades und der Bäume nach einigen Hundert Metern Richtung Osten der Fall war. Dann kam ein kurzes Stück Weg, das gerade, eben und weich war, und obwohl mir der alte Mann gesagt hatte „nicht mehr als das, was wir letztes Mal gemacht haben", musste ich den Schwarzen einfach zu einem kleinen Jog-Trab auffordern.

Sehr zu meiner Überraschung trabte der Wallach beinahe im gleichen Moment an, in dem ich daran gedacht hatte, ich musste ihn überhaupt nicht antreiben, wie sonst bei all den anderen Pferden, die ich bisher geritten hatte. Das Gleiche geschah, als wir das Ende der geraden Strecke erreichten: Ich *dachte* nur daran, langsamer zu werden, und der Schwarze fiel sofort wieder in Schritt. Im Rückblick finde ich es komisch – wenn mir jemand, *bevor* ich ihn an diesem Tag ritt, gesagt hätte, was passieren würde, hätte es mich wahrscheinlich überrascht, dass es tatsächlich passierte. Aber als es einfach so *geschah*, war daran überhaupt nichts Überraschendes mehr. Es war fast, als ob es einfach so geschehen *musste*.

Zehn Minuten später kamen wir wieder an eine vielleicht fünfzig Meter lange gerade Wegstrecke. Wieder dachte ich ans Antraben, und wieder trabte der Schwarze sofort an. Als es Zeit wurde, langsamer zu werden, wurde er ebenso selbstverständlich langsamer. Keine Probleme, keine Rückfragen – er machte es einfach.

Wir ritten fünf Minuten oder so weiter und kamen zu einem sehr langen Stück Weg, das flach und gerade war. In der Mitte allerdings war eine kleine Anhöhe, und der Weg bog sanft nach rechts ab. Nach der Biegung kam wieder eine lange gerade Strecke, bevor der Pfad sich zwischen Bäumen durch zurück in Richtung Stall wand.

Als wir an diesen Punkt kamen, ließ ich den Schwarzen

wieder antraben, was er auch anstandslos tat. Diesmal spürte ich jedoch, dass er nach etwa zwanzig Metern vermehrt nach vorn drängte. Erst war mir dies nicht geheuer, denn wie gesagt war es mit meinen reiterlichen Fähigkeiten damals noch nicht weit her und ich war nur einige wenige Male überhaupt galoppiert. Aber je weiter wir kamen, desto mehr Lust verspürte ich selbst, schneller zu werden, und am Ende ließ ich ihn einfach gehen.

Der Schwarze ging vom Trab in einen der bequemsten Lopes über, die ich je, vorher wie nachher, erlebt habe. Als wir uns der Biegung nach rechts näherten, gab er mir durch die Zügel irgendwie zu verstehen, dass er gern schneller gehen würde. Nicht, dass er gepullt hätte. Es war mehr ein Gefühl wie bei einer Anfrage. Ich wusste zwar nicht genau, wie ich mit solch einem Gefühl umgehen sollte, aber da der Ritt bisher so gut verlaufen war, ließ ich ihn einfach machen, wozu er Lust hatte.

Zuerst wurde der Lope einfach schneller und kraftvoller, was sich für mich wirklich gut anfühlte. Nach ein paar weiteren Galoppsprüngen wurde das Tempo noch etwas schneller, die Sprünge wurden noch etwas kraftvoller. Als wir an die Biegung kamen, hatte ich das Gefühl, dieser Ritt könnte der schnellste Ritt meines bisherigen Lebens werden, und als wir die Biegung hinter uns hatten, wusste ich, dass es so war. Der Schwarze galoppierte jetzt so rasant, dass ich mich über seinen Hals beugen musste, um nicht heruntergeweht zu werden. Seine Mähne schlug mir ins Gesicht, und meine Augen tränten vom Gegenwind. Auf halbem Weg zu den Bäumen waren wir so schnell, dass ich weder fühlen noch hören konnte, wie seine Hufe auf den Boden trommelten. Wir waren so weit von dem Geräusch entfernt, dass es in meinen Ohren nicht mehr ankam! „Whahuuuu", hörte ich mich selbst brüllen, als ob ich die Hauptrolle in einem B-Western oder etwas Ähnlichem spielte.

Die Bäume kamen ganz schön schnell näher, und ich begann mir Sorgen zu machen. Gleich unter den Bäumen bog der Pfad scharf nach links ab und lief eine kleine Böschung hinunter. Bei unserem Tempo hatte ich meine Zweifel, ob wir die Kurve kriegen würden. Oder besser gesagt: ob ich die Kurve kriegen würde. (Der Schwarze würde sie wohl auf jeden Fall kriegen, mit mir wie ohne mich).

Ungefähr hier beschloss ich, wir sollten jetzt besser etwas langsamer werden. Und noch bevor ich etwas mit den Zügeln machen konnte, nahm der Schwarze, als ob er meine Gedanken lesen könnte, von selbst das Tempo immer mehr zurück. So weit, dass wir, als wir an den Bäumen ankamen, nur noch trabten. Die scharfe Kurve in den Bäumen nahmen wir schon wieder im Schritt.

Wir wanderten noch ein bisschen weiter unter die Bäume, bevor ich ihn anhielt. Er stand brav still, und ich fiel ihm voller Begeisterung von oben um den Hals und klopfte ihn ab.

Zu Hause in der Scheune war ich gerade beim Absatteln, als der alte Mann zu uns herkam.

„Bisschen ins Schwitzen gekommen", sagte er und klopfte dem Wallach die schweißfeuchte Brust. „Probleme gehabt da draußen?"

„Nein, Sir", sagte ich und zog dem Schwarzen den Sattel vom Rücken, wobei ein großer nasser Fleck zum Vorschein kam.

„Er ist im Schritt so warm geworden?", erkundigte sich der alte Mann.

„Na ja", sagte ich dämlich, denn es war klar, dass er die Antwort schon wusste, bevor er gefragt hatte. „Nö ... ein paar Mal sind wir auch ein bisschen schneller als Schritt gegangen."

„Aha." Er holte tief Luft. „Wie viel schneller?"

„Wir sind getrabt." Ich hielt inne, um seine Reaktion abzuwarten. Er war offensichtlich nicht damit zufrieden. „Und dann sind wir galoppiert ... ein bisschen."

„Ein bisschen?"

„Äh, na ja, ich glaube, wir sind auch ein bisschen schneller galoppiert."

„Wie viel schneller?"

„Ziemlich schnell."

Es gab eine lange Pause. Der alte Mann sah auf den Schwarzen, zurück zu mir, dann wieder auf den Schwarzen. „Wie hast du ihn wieder angehalten?"

„Ich weiß nicht", sagte ich und wusste es wirklich nicht. „Er hat einfach angehalten. Als ich schneller gehen wollte, hat er es gemacht, und als ich langsamer werden wollte, hat er es auch gemacht."

„Hast du gewusst, dass die beiden Jungs Probleme hatten, ihn aus dem Lope heraus anzuhalten?", fragte er.

„Nein", sagte ich.

„Nun, sie hatten", fuhr er fort. „Das ist einer der Gründe, warum Leute ihn ausprobiert, aber nicht genommen haben. Sie können ihn nicht zurücknehmen oder anhalten, wenn er erst einmal im Lope ist."

„Oh", sagte ich, weil mir sonst nichts einfiel.

Wieder machte der alte Mann eine lange Pause. Das war ungewöhnlich, denn es war fast, als wüsste er nicht, was er sagen sollte, und ich hatte noch nie erlebt, dass er um Worte verlegen gewesen wäre. „Warum machst du nicht weiter mit dem Abbürsten und bringst ihn dann weg", sagte er schließlich. „Wir haben noch mehr zu tun." Und damit drehte er sich um und ging weg, wobei er sich eine Zigarette anzündete.

Ich brachte meinen Sattel in die Sattelkammer und striegelte und bürstete den Schwarzen gründlich ab. Die meiste Zeit stand er mit gesenktem Kopf und geschlossenen Augen da, und als ich ihn losbinden wollte, drehte er langsam den

Kopf und legte ihn mir auf den Arm. Sanft streichelte ich ihm die Stirn.

Als ich den Schwarzen zurück auf die Koppel führte, fühlte sich auf einmal alles viel friedlicher an als zuvor. Als wir am Tor ankamen, stieß der Schwarze einen langen, tiefen Seufzer aus.

Und ich tat es ihm nach.

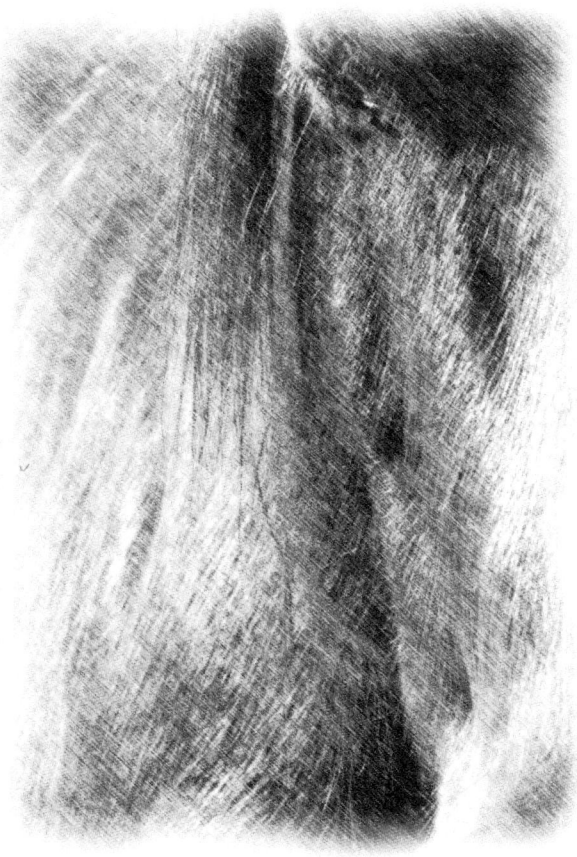

„Als wir am Tor ankamen, stieß der Schwarze einen langen, tiefen Seufzer aus."

WEICHHEIT

In den letzten zehn Minuten war das Feuer langsam am Erlöschen. Die blaue Flamme, die ich beobachtet hatte, war zuerst klein gewesen, dann größer und wieder kleiner geworden und schließlich in dem kleinen Stück Holz verschwunden, aus dem sie gekommen war. Anscheinend kommt immer, wenn Menschen nachts um ein Lagerfeuer herumsitzen, der Zeitpunkt, wo man nicht genau weiß, ob man noch ein Scheit Holz nachlegen oder das Feuer einfach ausgehen lassen und ins Bett gehen soll.

„Schließlich war der Reiter so weit hinter der Bewegung, dass der Wallach ihn regelrecht über die Hindernisse hinüberzog."

Wenn man sich entschließt, Holz nachzulegen, ist eine weitere Entscheidung fällig. Legt man ein dickes Scheit nach, eines, das einen noch eine Stunde oder so am Feuer festhält? Ein mittleres, das vielleicht eine halbe Stunde brennt? Oder ein kleines, das allen gerade genug Zeit lässt, ihre Gespräche zu beenden, bevor es erlischt?

Gerade wollte ich von meinem Baumstumpf aufstehen und schlafen gehen, als jemand beschloss, es wäre Zeit für ein weiteres Scheit. Es war ein großes. Es knackte und knisterte wie ein ganzes Symphonieorchester, als das Feuer die kleinen Saftkammern im Holz erreichte und dann anfing, die Borke zu verzehren. Tausende leuchtend orangefarbene Ascheflocken tanzten in den Hitzewellen über dem Feuer und wurden hoch in die Luft gewirbelt. Manche erloschen schon ein paar Meter über dem Feuer. Andere flogen weit in die Höhe und wurden von der leichten Brise dort oben davongetragen, bis auch sie allmählich ausbrannten.

Ich war müde genug, um mich nach meinem Bett zu sehnen, fand es aber auch gemütlich genug, um noch ein wenig länger zu verweilen. Ich setzte mich wieder auf meinem Baumstumpf zurecht, mit dem mein Hinterteil sich inzwischen angefreundet hatte, und hörte weiter den diversen Unterhaltungen um mich herum zu. Den ganzen Abend über war ich ziemlich still gewesen, und abgesehen von ein paar Fragen, die letztendlich von jemand anderem beantwortet worden waren, hatte man mich in Ruhe am Feuer sitzen lassen, und damit war ich in jener Nacht mehr als zufrieden.

Seit Jahren hatte ich nicht mehr an den Schwarzen gedacht, aber aus irgendeinem Grund fiel er mir jetzt, als ich nur still am Feuer saß, wieder ein. Im Rückblick war ich plötzlich sehr dankbar dafür, dass ich ihm so früh in meinem Reiterleben begegnet war. Denn je länger ich mit Pferden arbeite, umso mehr verstehe ich, wie recht der alte Mann hatte. Was dieses Pferd mir gegeben hatte, erlebt man nicht alle Tage.

Dankbar war ich auch allen, die mich in jener Nacht unterbrochen hatten. Hätte ich die Zeit aufgewendet, die Fragen, die mir gestellt wurden, zu beantworten, wäre wahrscheinlich sehr viel Zeit mit Reden draufgegangen. So aber hatte ich still dabeisitzen dürfen und hatte Zeit gefunden, ein wenig über eine der vielleicht wichtigsten Erfahrungen meines Lebens, sicher aber meines Reiterlebens, nachzudenken.

Aus dem, was ich mit dem Schwarzen vor so vielen Jahren erlebt hatte, war meine Idee erwachsen, was Einklang, das Gefühl von *softness*, Weichheit zwischen Reiter und Pferd, bedeuten konnte. Komisch ist nur, dass ich zwar die Idee hatte, aber erst in dieser Nacht am Lagerfeuer verstand, wo dieser Glaube eigentlich herkam. Nun allerdings wusste ich es.

Weichheit zwischen Reiter und Pferd kann sich für viele Menschen ganz verschieden anfühlen. Was ein Profi-Cowboy als weich empfindet, mag ein Dressurreiter vielleicht schrecklich finden. Ebenso mag das, was ein Dressurreiter als weich empfindet, einem Cowboy vielleicht schrecklich vorkommen. Einklang kann sich für einen Springreiter vollständig anders anfühlen als für jemanden, der für Trailritte im Gelände schwärmt, und umgekehrt. Das Gefühl des weichen Einvernehmens, das einem Jagdreiter auf der Fuchsjagd von seinem Pferd vermittelt wird, kann vollständig verschieden sein von dem eines Jagdreiters auf der Elchjagd.

Für mich allerdings ist die Definition von Weichheit ganz einfach: Weichheit ist, wenn das ganze Pferd jederzeit willig zur Verfügung steht, unabhängig von den Umständen, der Tageszeit, dem Ort, der Reitsportdisziplin oder der Pferderasse. Hier sollte ich darauf hinweisen, dass die Schlüsselworte *willig zur Verfügung* sind – nicht nur *zur Verfügung*. Im Laufe der Jahre habe ich eine Riesenmenge Pferde geritten, die *zur Verfügung* standen. Von denen, die *willig zur Verfügung* standen, gab es erheblich weniger.

Mir ist klar, dass der Unterschied zwischen einem Pferd, das einfach *zur Verfügung* steht, und einem, das *willig zur Verfügung* steht, für manche Menschen vielleicht schwer zu verstehen ist, besonders wenn sie den Unterschied nie erlebt haben. Eines aber weiß ich sicher: Wer den Unterschied ein Mal *gefühlt* hat, wird ihn schwerlich wieder vergessen. Wahre Weichheit ist mühelos, und ein wirklich weiches Pferd präsentiert sich mit uns auf dem Rücken so leichtfüßig und mühelos wie ohne Reiter auf der Weide – genau wie der Schwarze damals mit mir.

Einer der Gründe, warum manche Menschen sich des Unterschieds zwischen einem Pferd, das *willig zur Verfügung* steht und einem, das einfach *zur Verfügung* steht, nicht sicher sind, besteht darin, dass heutzutage ganz viele Pferde zwar leicht, aber nicht unbedingt weich sind. Deshalb haben viele Leute vielleicht das eine oder andere Mal ein Pferd geritten, das leicht, im Sinne von leichttrittig war, und gedacht, es sei weich, wo doch in Wirklichkeit (in meinen Augen) ein erheblicher Unterschied zwischen beidem besteht.

Für mich ist der Unterschied, dass Leichtigkeit vorwiegend äußerlich ist und auf Technik beruht, während Weichheit aus dem Innern des Pferdes kommt, und eine Mischung ist aus Technik, Vertrauen, Überzeugung und Gefühl, die ausgetauscht wird zwischen Reiter und Pferd und vom Pferd wieder zurück zum Reiter. Weichheit ist Gespräch und eher eine Art zu *sein*, als etwas, das man tut.

Meiner Meinung nach wird Leichtigkeit gewöhnlich erreicht durch eine Menge immer wiederholter und manchmal sinnloser Trainingseinheiten, oft viel mehr, als das Pferd braucht, um das Konzept, das es zu erlernen gilt, zu verstehen. Infolgedessen verliert das Pferd häufig die Verbindung zu sich selbst, auch wenn es die Technik verstanden zu haben scheint.

Ein gutes Beispiel dafür ist seitliche Biegung – das Pferd unzählige Male über längere Zeit, manchmal über Jahre, nach der einen und nach der anderen Seite zu biegen. In vielen Fällen sieht es dann so aus, als sei der Kopf des Pferdes nicht mehr mit dem Körper verbunden. Sicher, das Pferd biegt den Kopf herum, manchmal bis zum Stiefel seines Reiters. Aber in der Bewegung biegt es den Körper nicht im gleichen Maße mit. Die Folge davon ist, dass der Reiter das Pferd nicht mehr steuern oder bremsen kann, und dies umso weniger, je schneller sie sich vorwärtsbewegen. Mit anderen Worten, das Pferd scheint zur Verfügung zu stehen, weil es auf leichte Berührung reagiert, aber es versteht nicht wirklich, was der Reiter will, und führt deshalb die Aufgabe nicht *willig* aus.

Ein weiteres Nebenprodukt von Leichtigkeit ist, dass sie normalerweise so lange anhält, wie das Pferd mit seiner Aufgabe und seiner Umgebung im Einklang ist. Steht das Pferd aber vor etwas Neuem oder auch nur ein wenig Ungewöhnlichem, ist es aus mit der Leichtigkeit. Viele Reiter haben uns erzählt, dass ihr Pferd zu Hause gut geht, sie in einer fremden Umgebung jedoch wirklich zu kämpfen haben.

Einer der Gründe, warum Pferde im Endeffekt leicht anstatt weich werden, ist vermutlich, dass manche Ausbilder so auf das Endergebnis fixiert sind, dass sie darüber oft das Pferd vergessen. Sie erzielen dann eine Art mechanisiertes Pferd, eines, das alles richtig macht, aber ohne Herz. Außerdem ist ein leichtrittiges Pferd meist eher überempfindlich, und die Leichtigkeit geht oft verloren, sobald das Pferd unter Stress gerät, sei es seelisch oder körperlich. Und auch wenn es der Reiter ist, der irgendwie unter Stress gerät, geht die Leichtigkeit nur zu gern verloren.

Weichheit dagegen ist etwas anderes. Ich bin davon überzeugt, dass wahre Weichheit, ob bei einem Pferd oder einem Menschen, selten bis nie das Ergebnis von Technik allein sein kann. Wahre Weichheit geht auf mehr zurück. Technik ist sicher ein Teil davon, aber es sind die Unwägbarkeiten, die wir in die Situation einbringen, und die Unwägbarkeiten, die das Pferd einbringt, die den Unterschied ausmachen.

Für mich beginnen diese Unwägbarkeiten mit Beständigkeit, und dabei spreche ich nicht davon, dieselbe Technik die ganze Zeit zu wiederholen, obwohl auch dies nicht unwichtig ist. Wichtiger sind jedoch die Interaktionen mit dem Pferd auf der alltäglichen Basis. Einer der Gründe, warum (zum Beispiel) viele Profi-Cowboys mit ihren Pferden so viel Erfolg haben, besteht darin, dass ihr Verhalten von einem Tag zum anderen so beständig ist. Unabhängig vom Ort, vom Wetter oder von was auch immer können Ranchpferde sich darauf verlassen, dass ihr Cowboy sie jeden Tag, den ganzen Tag, Tag für Tag gleich behandelt.

Allgemein gesprochen: Wenn Cowboys an einem Tag herumbrüllen und mit harter Hand reiten, brüllen und reiten sie so an jedem Tag. Wenn sie an einem Tag ruhig und weich sind, sind sie immer ruhig und weich. Was für sie heute okay ist, wird auch morgen für sie okay sein. Was heute für sie nicht okay ist, wird auch morgen für sie nicht okay sein und so weiter. Kann sein, dass sich die Begeisterung der Pferde für die Art, wie der Reiter mit ihnen umgeht, in solchen Fällen mehr oder weniger in Grenzen hält, aber wenigstens können sie sich darauf verlassen, dass er beständig ist. Weil der Reiter beständig ist, kann das Pferd anfangen, beständig zu sein, was für mich der erste Schritt zur Entwicklung von Weichheit ist.

Dagegen gibt es Reiter, die ihre Pferde auf dem Reitplatz auf eine Art reiten, im Gelände auf eine andere Art, wieder anders beim Abreiten vor einem Turnier und ganz anders während einer Show oder einer Prüfung. Fehlt es beim Reiter, der Reiterin an Beständigkeit, kann das Pferd sich nicht auf ihn oder sie verlassen. Können sie sich nicht auf ihre Reiter verlassen, fehlt den Pferden das Vertrauen, und sie können mit Sicherheit nicht das Beste anbieten, was in ihnen steckt.

Das gilt auch für gelegentliche Ausfälle. Ich habe nicht wenige Menschen gesehen, die zu Hause, wenn alles gut ging, sehr liebevoll, nett und ruhig mit ihren Pferden umgingen. Waren sie mit dem Pferd jedoch irgendwo anders und das Pferd spielte sich plötzlich auf, verloren sie total den Kopf! Auch hier von Beständigkeit keine Spur.

Natürlich will ich damit nicht behaupten, dass das Pferd jedes Profi-Cowboys weich ist und jedes andere Pferd nicht, denn dies stimmt mit Sicherheit nicht. Ich versuche nur deutlich zu machen, dass es für unsere Pferde umso einfacher ist, sich auf uns zu verlassen. Je beständiger wir sind, desto einfacher wird es für sie, uns zu vertrauen. Vertrauen sie uns erst einmal, verstehen sie auch unsere Interaktionen mit ihnen immer besser, bis sie schlussendlich weich werden können – wenn es das ist, was wir erreichen wollen.

Nun gibt es für ein Pferd hauptsächlich zwei Arten, weich zu sein. Das Pferd kann körperlich weich sein, wenn es unsere Hilfen voll und ganz versteht und alle Aufgaben, die wir ihm stellen, willig und mit Leichtigkeit ausführt. Es gibt aber auch eine emotionale Weichheit, bei der das Pferd ohne Ansehen der jeweiligen Umstände niemals aufhört zu *denken*, niemals in die urtümliche Kampf-oder-Flucht-Reaktion verfällt, wenn ihm etwas Ungewöhnliches begegnet.

Verglichen mit der emotionalen Weichheit ist äußere Weichheit verhältnismäßig einfach zu erreichen. Dazu genügt gewöhnlich Beständigkeit bei der Hilfengebung und der Kommunikation im Training. Um emotionale Weichheit zuzulassen, müssen wir als Reiter oder Halter in der Lage sein, in unserem gesamten Verhalten Beständigkeit zu zeigen, damit das Pferd uns nicht nur als zuverlässig betrachtet, sondern auch unserem Urteil vertraut und in unserer Gegenwart in so ruhiger Gemütsverfassung ist, dass es uns willig sein Innerstes darbietet. Damit es dazu kommt, müssen natürlich auch wir in der Lage sein, unser Bestes darzubieten, was manchmal schwierig sein kann, wenn wir nicht einmal selbst wissen, woraus der beste Teil von uns besteht.

Interessanterweise kann ein *Leicht-Reiter* – einer, der sich nur auf Technik verlässt und vom Äußeren her arbeitet – für ein Pferd, selbst wenn es weich ist und willig sein Inneres anbietet, um jedwede Aufgabe, die ihm gestellt wird, auszuführen, zum Problem werden.

Vor nicht allzu langer Zeit hatten unser Tierarzt und seine Frau Crissi und mich zu einem Springturnier auf unserem heimischen Rodeo-Platz eingeladen. Es ging um den Großen Preis, und nach ungefähr der Hälfte der Teilnehmer kam ein Reiter auf einem sehr gut gerittenen braunen Wallach in den Parcours. Der Braune beherrschte nicht nur seinen Job, er schien ihn auch wirklich zu mögen. Er flog über die ersten beiden Sprünge und gab jedes Mal sichtlich sein Bestes. Sein Reiter jedoch, offensichtlich bemüht, sich an eine bestimmte Reittechnik zu halten, ging nicht wirklich mit und geriet im Verlauf des Parcours mehr und mehr hinter die Bewegung des Pferdes.

Etwa in der Mitte des Parcours war der Reiter schließlich so weit hinter der Bewegung, dass der Wallach ihn regelrecht über die Hindernisse hinüberzog. Der Reiter war sichtlich in Bedrängnis, er versuchte, sich zwischen den Sprüngen energisch einzusetzen. Vermutlich im Versuch, das Pferd so weit abzubremsen, dass sie beide wieder zueinanderfinden konnten, fing er an, vor jedem Hindernis heftig an den Zügeln zu ziehen. Dies verschlimmerte aber das Problem nur noch, und bald widersetzte sich das Pferd, warf den Kopf hoch und ging stark gegen das Gebiss.

Am sechsten Hindernis kämpfte das Pferd, das die ersten Sprünge so mühelos bewältigt hatte, wirklich gegen seinen

Reiter und begann, Hindernisstangen abzuwerfen. Am achten Hindernis war der Reiter derartig aus dem Gleichgewicht, dass er dem Pferd das Springen unmöglich machte. Der Wallach verweigerte vor dem achten und dem neunten Sprung, und das Paar wurde disqualifiziert.

„Jedes Pferd, das dieser Bursche ritt, war innen und außen so weich wie das nächste – und der Reiter war ebenso weich."

Es gab auch Reiter, die, nachdem sie die ersten Sprünge fehlerlos genommen hatten, aus für mich unerfindlichen Gründen ihrem Pferd beim Absprung einen Gertenhieb verpassten. Wohlgemerkt: Die Pferde waren bereits abgesprungen, wenn die Reiter zuschlugen, was meiner Meinung nach leicht zu Missverständnissen führen konnte. Vielleicht dachten die Pferde, sie hätten etwas falsch gemacht und sollten gar nicht springen. Interessanterweise verweigerten alle diese Pferde jeweils am nachfolgenden Sprung.

Bei diesem selben Großen Preis war ein Teilnehmer mit drei verschiedenen Pferden am Start, und jedes Pferd, das dieser Bursche ritt, war innen und außen so weich wie das nächste – und ebenso weich war der Reiter. Seine Pferde galoppierten mühelos ihre Runden und sprangen so leicht und flüssig, als sei der Reiter auf ihrem Rücken gar nicht vorhanden. Es war kein Wunder, dass er die Prüfung mit einem Pferd gewann und mit den anderen beiden platziert war. Zwischen ihm und seinen Pferden bestand ganz augenscheinlich so viel Beständigkeit, Vertrauen und Weichheit, dass sich seine Ritte mit denen der Mehrzahl der übrigen Reiter-/Pferdpaare an diesem Abend überhaupt nicht vergleichen ließen.

Für mich waren sie ein großartiges Beispiel dafür, was Pferd und Reiter, in Weichheit vereint, zusammen erreichen können. Der Reiter war sicher und besaß Selbstvertrauen. Er setzte seine Energie niemals falsch ein, er gab wo nötig klare Anweisungen und vertraute dann seinen Pferden, ihre Aufgabe, die sie kannten, gut zu erledigen. Deshalb waren auch seine Pferde ruhig und voller Selbstvertrauen und absolvierten ihren Kurs mit derselben Leichtigkeit, die sie wohl auch ganz ohne Reiter gezeigt hätten. Das Ergebnis waren schnelle, mühe- und fehlerlose – und vor allem weiche – Runden.

❖

Das Holzscheit, das aufs Feuer gelegt worden war, musste ziemlich trocken gewesen sein, denn es hielt bei Weitem nicht so lange vor, wie ich gedacht hatte – weniger als eine halbe Stunde, schätze ich. Im schwachen Schein des nun wieder verlöschenden Feuers sah ich auf meine Armbanduhr und stellte fest, dass es kurz vor zehn Uhr war, viel später, als ich eigentlich hatte aufbleiben wollen.

Jemand brachte eine Flasche Wein und schenkte ihn in Pappbechern aus. Ein anderer warf ohne größere Umstände ein weiteres Scheit auf die glühenden Kohlen. Für einige schien die Nacht gerade erst zu beginnen, aber nicht für mich.

„Ich glaube, für mich ist jetzt Zeit, Gute Nacht zu sagen." Langsam stand ich von dem Baumstumpf, auf dem ich die letzten paar Stunden zu Hause gewesen war, auf. Plötzlich erhob sich eine schwache Brise, die in meine Richtung blies und mir den Rauch des wieder auflebenden Feuers in die Augen trieb. Ich machte einen Schritt zur Seite und wedelte mit der Hand vor dem Gesicht herum. „Schlaft alle gut, wir sehen uns morgen früh."

„Gute Nacht", schallte es im Chor rund um das Lagerfeuer, als ich in den Schatten zurücktrat.

„Gute Nacht", sagte ich noch einmal. „Danke für das Feuer."

„Bis morgen früh", sagte jemand von jenseits des Feuers. „Gute Nacht."

„Gleichfalls", sagte ich, schon auf dem schmalen Weg, der sich durch das Wäldchen wand und zu meinem Wohnwagen führte. Am Lagerfeuer war mir schön warm gewesen, aber kaum hatte ich den Kreis verlassen, als mich ein Schwall wesentlich kühlerer Nachtluft traf.

Der Weg durch das Wäldchen war nicht sehr lang, vielleicht fünfzig Meter oder so. Hinter mir war der Weg vom Lagerfeuer beleuchtet, und ich konnte das Gelächter der Menschen hören, die ich gerade verlassen hatte. Vor mir wurde der Pfad immer dunkler, und je weiter ich kam, desto vorsichtiger musste ich mich bewegen. Ich konnte mich erinnern, dass ich nicht mit Baumstümpfen oder umgefallenen Bäumen rechnen musste, wohl aber mit ein paar kleinen Windungen und Krümmungen, die ich nicht außer Acht lassen durfte. Ich schaffte es ohne Komplikationen, aber als ich aus dem Wald herauskam, ließ mich ein kalter Lufthauch wieder zusammenschaudern, und ich ging schneller, um sobald wie möglich in meinen warmen Wohnwagen zu kommen. Plötzlich kam ich durch eine Art warmer Luftblase. Als Kinder waren wir, wenn wir nachts noch draußen spielten, immer wieder in solche Blasen gelaufen. Sie sind nicht sehr groß, und wenn man sich zu schnell bewegt, merkt man sie vielleicht gar nicht. Wenn man aber Glück hat und sie spürt, kann man zurückgehen und sie eine Weile genießen, bis sie verschwinden.

Es war lange her, dass ich nachts in eine solche Warmluftblase gelaufen war, und obwohl ich sie bereits durchquert hatte, beschloss ich, wie in Kindertagen zurückzugehen und zu versuchen, sie wiederzufinden. Langsam ging ich zurück. Nach ungefähr zehn Schritten traf ich sie wieder. Sie schien ungefähr vier Meter lang und einen Meter breit zu sein. Wie als Kind hob ich den Kopf und sah hinauf zu den Sternen.

Aus meiner Kleidung stieg der Geruch nach Holzrauch auf – etwas, was man nicht bemerkt, solange man am Feuer sitzt, wohl aber, wenn man sich davon entfernt. Als ich so dastand und den Abend genoss, hörte ich plötzlich etwas, das sich anhörte wie eine Stimme, die aus den Bäumen hinter mir kam.

„Wollte dir nur sagen", kam die Stimme des alten Mannes, „morgen früh kommt jemand, der sich den Schwarzen ansehen will." Es klang so real, dass ich mich tatsächlich umdrehen musste, um zu sehen, ob jemand da war. Da war niemand. „Kannst du morgen herkommen?", fragte die Stimme.

Plötzlich war ich wieder auf dem Anwesen des alten Mannes. Es war Spätsommer, und in einer Woche würde die Schule wieder beginnen.

„Nein", antwortete ich. „Ich muss den Rasen mähen. Das Gras ist wirklich lang geworden von dem letzten Regen, und mein Dad lässt mich nicht gehen, bevor es gemäht ist."

„Schon gut", sagte er und drückte seine Zigarette am Stiefelabsatz aus. „Ich dachte nur, du hättest es vielleicht gern gewusst."

Es war seltsam, dass sich der alte Mann die Zeit nahm, es mir zu sagen. Das hatte er noch nie gemacht. Wenn er im Begriff war, ein Pferd zu verkaufen, war ich gewöhnlich der Letzte, der davon erfuhr. Wenn ich am Freitag ging, waren die Pferde da. Wenn ich Montag früh wieder kam, waren ein paar weg. Selten bis nie sprachen wir davon, dass sie verkauft oder wohin sie etwa gegangen waren. Sie waren einfach nicht mehr da.

Seit unserem Ausritt hatte ich den Schwarzen fast jeden Tag geritten – auf dem Platz, im Gelände, auf der Koppel –, und es war jedes Mal noch besser gelaufen. Wir hatten einen Punkt erreicht, wo ich buchstäblich nur an etwas zu denken brauchte, und schon tat es der Schwarze. Er stand am Tor, wenn ich ihn holen kam, und er blieb noch lange bei mir stehen, wenn ich ihn nach der Arbeit zurückgebracht und losgelassen hatte.

Seinetwegen war mein Selbstvertrauen im Sattel gewachsen, und seit ich mit dem Schwarzen arbeitete, hatte mich der alte Mann auch viele seiner anderen Pferde reiten lassen, nicht nur die alten oder scheintoten. Auch mit ihnen schien ich ziemlich gut zurechtzukommen. Ein paar hatten versucht, mit mir durchzugehen, und eines hatte ein bisschen gebuckelt, ohne dass ich heruntergefallen wäre. Ich weiß nicht, was der alte Mann davon hielt, aber ich hatte ein gutes Gefühl dabei.

Jedenfalls kam und ging das Wochenende, und früh genug war es Montagmorgen und ich radelte die Auffahrt zu dem alten Mann hinauf. Ein schneller Blick auf die Koppel zeigte mir, dass der Schwarze noch da war. Es war komisch, denn das Wochenende über hatte ich nicht viel an den Schwarzen gedacht, außer dass ich wusste, dass ihn sich jemand ansehen wollte. Erst als ich an diesem Morgen auf dem Weg zum Stall war, hatte mich die Aussicht, dass er vielleicht wirklich weg sein könnte, ein bisschen traurig gemacht. Als er noch da war, fühlte ich mich gleich besser.

Der alte Mann kam herüber, als ich mein Rad an der Sattelkammer abstellte.

„Der Schwarze ist noch da", sagte ich aufgeregter, als ich eigentlich hatte klingen wollen.

„Nicht mehr lange", sagte er und drückte mir ein Halfter in die Hand. „Am besten gehst du hin und holst ihn. Seine neuen Besitzer werden gleich da sein."

„Jemand hat ihn gekauft?" Ein unerwartet flaues Gefühl traf mich wie ein Schlag in die Magengrube.

„Jep", nickte er. „Ein Mädchen, vielleicht ein bisschen älter als du."

Mein Herz schlug ein wenig schneller und härter. Ich stand da und schaute auf den alten Mann, Zorn im Herzen, weil er ihn tatsächlich verkauft hatte. Ich hatte nicht erwartet, dass ich so reagieren würde, wusste nicht einmal, warum es so war.

„Nun geh schon", nickte er in Richtung Koppel. „Von selbst wird er nicht kommen."

Ein bisschen langsamer als sonst ging ich zur Koppel, und wie immer wartete der Schwarze am Tor auf mich. Ich streifte ihm das Halfter über und führte ihn zur Scheune, wieder ein bisschen langsamer als sonst. Der Schwarze hatte sich in der Nacht in einem Schlammloch neben dem Tor gewälzt und hatte nun Streifen von getrocknetem Schmutz auf der linken Seite und am Bauch. Ich band ihn vor der Scheune an, holte das Putzzeug aus der Sattelkammer und fing an, ihn zu putzen.

Den Bauch hatte ich schon einigermaßen sauber und fing an, die Schmutzbrocken von seiner linken Seite zu kratzen, als der alte Mann aus der Scheune herauskam, die allgegenwärtige Zigarette wie immer zwischen den Lippen. „Hat sich gewälzt, was?" Ein Stückchen Asche fiel von der Zigarette ab, als er sprach. Ich wusste, ich hätte ihm wahrscheinlich antworten müssen, aber ich hatte keine Lust. Ich hatte in diesem Augenblick überhaupt wenig Lust, mit ihm zu sprechen.

Ein paar Minuten stand der alte Mann nur da, und keiner von uns sagte etwas. Er nahm die Zigarette aus dem Mund, stieß eine Rauchwolke aus und ging in Richtung Sattelkammer. Nach ein paar Schritten blieb er stehen und kam zurück. „Tut's dir leid, dass das Pferd weggeht?"

„Vermutlich." Ich wusste, ich hätte wahrscheinlich mehr sagen sollen, aber ich hatte immer noch keine Lust.

„Also", fing der alte Mann an, etwas leiser als sonst. „Du weißt, dass er nicht hergekommen ist, damit wir ihn behalten, stimmt's?" Er machte eine Pause. „So läuft das bei uns nicht."

Ich antwortete nicht. Ich wechselte nur vom Striegel zur Bürste und putzte weiter an dem Schwarzen herum. Nach einer langen Pause nahm mir der alte Mann sanft die Bürste aus der Hand und bürstete den Schwarzen selbst weiter. „Nichts dagegen einzuwenden, dass du dich schlecht fühlst", sagte er, ohne mich anzusehen. „Du und dieses Pferd, ihr seid zusammen in sehr kurzer Zeit sehr weit gekommen." Er schnippte Asche von seiner Zigarette. „Ist noch nicht lange her, da hattet ihr beide ziemlich Angst voreinander ... und jetzt nicht mehr. Das ist gut."

Unten an der Straße bog ein Kombi mit einem oben offenen, rostfarbenen Anhänger zum Tor ein.

„Ich sag' dir jetzt was, was du nicht vergessen sollst." Er gab mir die Bürste zurück und hustete schwach. „Was du und das Pferd zusammen erreicht habt, ist keine Kleinigkeit. Die Wahrheit ist, dass ihr beide etwas ganz Spezielles erlebt habt."

Der Kombi hatte das Tor passiert, und der Fahrer stieg aus, um es hinter sich zu schließen.

„Wenn ich raten sollte", fuhr der alte Mann fort, „würde ich sagen, der Grund, warum du dich jetzt schlecht fühlst, ist, dass du hingegangen bist und mit dem Pferd etwas gemacht hast, was nur wenige Leute jemals machen. Du hast ihm dein Herz geschenkt."

Der Kombi fuhr langsam die Auffahrt hoch.

„Dafür hat dir das Pferd sich selbst gegeben ... und das passiert nicht sehr oft. Er hat es bei mir nicht gemacht, und er hat es bei den Jungs nicht gemacht. Aber bei dir hat er es gemacht."

Der alte Mann legte mir die Hand auf die Schulter und sah mir gerade in die Augen. Es fiel mir nicht leicht, seinen Blick zu erwidern, aber ich versuchte es.

„Es ist also okay, wenn du dich schlecht fühlst", sagte er. „Aber was *mir* ein schlechtes Gefühl geben würde, wäre, wenn ich glauben müsste, dass es nie wieder passiert."

Der Kombi fuhr auf den Hof.

„Dieses Pferd wird es gut haben, und damit hast du etwas zu tun." Der alte Mann nahm die Hand von meiner Schulter, ließ die Zigarette zu Boden fallen und trat sie mit der Stiefelspitze aus. „Du hast deinen Job gemacht. Jetzt musst du ihn seinen machen lassen."

Der alte Mann ging auf den Kombi zu, blieb dann stehen und drehte sich zu mir um.

„Das ganze Herz, das ganze Pferd." Er nickte mir kurz zu. „Und das ist etwas."

Damit drehte sich der alte Mann um und begrüßte die Leute, die an diesem Tag den Schwarzen abholen wollten in sein neues Zuhause.

Die warme Luftblase, in der ich stand, begann sich aufzulösen. Unwillkürlich musste ich lächeln, als ich an das schwarze Pferd dachte, das mich an diesem Abend beschäftigt hatte. Es war eine gute Erinnerung, eine, die mich in meiner langjährigen Überzeugung bestärkte, dass Weichheit zuerst aus dem Innern des Reiters kommen muss, bevor sie aus dem Innern des Pferdes kommen kann. Es war auch eine Erinnerung daran, dass die großen Veränderungen im Leben selten aus heiterem Himmel geschehen. Viel öfter geschehen über längere Zeit immer wieder kleinere Veränderungen, bis sie zum Schluss in einer großen Veränderung kulminieren. Es erinnerte mich daran, dass es oft dauern mag, bis man einen Weg findet, sein ganzes Herz hinzugeben, und dass es auch oft dauern mag, bis man das ganze Pferd dafür bekommt.

Einem Pferd unser ganzes Herz anzubieten, um damit das ganze Pferd zu erreichen, ist schlussendlich aber ein Weg, den zu verfolgen sich lohnt. Dann wenn das ganze Pferd erst zum Vorschein kommt, dann, wie der alte Mann vor langer Zeit sagte, dann ist das *wirklich* was.

SERVICE

Nützliche Adressen

Kurse mit Mark Rashid in Europa organisiert

Good Horsemanship

Rika Schneider

Hauptstraße 27 a

21649 Regesbostel

Tel. +49-(0)172-5 40 46 91

Fax +49-(0)4165-21 76 18

www.goodhorsemanship.de

Mehr Informationen zu Mark Rashid finden Sie
auf der Website **www.markrashid.de**

Zum Weiterlesen

Aguilar, Alfonso / Roth-Leckebusch, Petra: **Wie Pferde lernen
wollen; Bodenarbeit, Erziehung und Reiten**; KOSMOS 2004
Der Mexikaner Alfonso Aguilar ist bekannt für seine einfühl-
same Art, Pferde zu trainieren. Er zeigt anhand vieler prak-
tischer Übungen, wie Pferde in ihrem Wesen begriffen und
gefördert werden können.

Bender, Ingolf / Ritter, Tina Maria: **Praxishandbuch Pferde-
gesundheit**; KOSMOS 2008
Rundum zufriedene und leistungsstarke Pferde sind die Freude eines jeden Pferdebesitzers. Doch leider leiden viele Pferde
heute unter Zivilisationskrankheiten. Dieses Buch hilft, sie zu
erkennen, die Ursachen zu beseitigen und zur richtigen schul-
medizinischen oder alternativen Therapie zu finden.

Binder, Sibylle L. / Behling, Silke: **Der richtige Umgang mit Pferden**; KOSMOS 2010
„Was denkt mein Pferd" und „Wie erziehe ich mein Pferd" im Doppelband. Über 300 Farbfotos und prägnante, kurze Texte erklären, wie sich Pferde verhalten, wie man sie richtig versteht und sie zu braven und zuverlässigen Partnern für Freizeit und Sport erzieht.

Brannaman, Buck: **Pferde, mein Leben**, vom Lassokünstler zum Pferdeflüsterer; KOSMOS 2009
Buck Brannaman, einer der gefragtesten Pferdeflüsterer der USA, erzählt seine bewegende Lebensgeschichte. Erfahren Sie, wie er durch die Hilfe der Pferde lernte, seine durch Gewalt und Angst geprägte Kindheit zu verarbeiten und eine neue Sicht auf das Leben zu gewinnen.

Brannaman, Buck / Reynolds, William: **Vertraue dem Pferd**; KOSMOS 2011
Buck Brannaman nimmt den Leser in seine persönlichen Erlebnisse mit Menschen und Pferden hinein. Mit einfühlsamen Worten leitet er jedes seiner Erlebnisse mit zwölf Pferd-Reiter-Paaren ein und lässt danach die Reiter zu Wort kommen.

Bührer-Lucke, Gisa: **Expedition Pferdekörper**; KOSMOS 2010
In den Tiefen des Pferdekörpers gibt es so manches Wunder zu entdecken. Die Autorin erklärt meisterhaft anschaulich die Abläufe und Funktionsweisen im gesunden Pferdekörper, zeigt aber auch, was bei typischen Erkrankungen im Pferd vor sich geht.

Dauth, Michael: **Wer ist der Chef?**; Wie dominante Pferde zu Partnern werden, KOSMOS 2010
Humorvoll, provokant, selbstkritisch und klug beschreibt der Pferdeneuling Michael Dauth, wie er sich zur verlässlichen

Führungskraft gegenüber seiner Stute entwickelt und ihr Vertrauen und somit auch ihre Kooperation gewinnt. Durch sein Beispiel und sein Dominanztraining „Leit-Tier-Art" findet jeder seinen eigenen Weg, die Rolle des Anführers zu übernehmen.

Eschbach, Andrea und Markus: **Freie Bodenarbeit mit dem Pferd**; KOSMOS 2011
Schritt für Schritt zum Pferdeflüstern – das klappt mit diesem praktischen Ratgeber. Ausgehend von Verhalten und Kommunikation der Pferde zeigt das sympathische Trainerpaar Andrea und Markus Eschbach, wie ein freies Miteinander funktioniert. Mit vielen tollen Fotos, nützlichen Tipps und praktischen Infos zur freien Bodenarbeit im Round Pen.

Eschbach, Andrea und Markus: **Reiten so frei wie möglich**; KOSMOS 2010
Die erfahrenen Pferdetrainer Andrea und Markus Eschbach zeigen in diesem Ratgeber den praktischen und sicheren Weg zum Reiten mit mehr Freiheit. Sie stellen verschiedenes Zaumzeug, das Reiten mit Halsring und ohne Sattel vor.

GaWaNi Pony Boy: **Horse, Follow Closely**, indianisches Pferdetraining – Gedanken und Übungen; KOSMOS 2010
Sonderausgabe mit DVD. Ein Buch, das den Traum vieler Reiter beschreibt: eins zu sein mit dem Pferd. Lesen und genießen Sie diesen Traum!

Higgins, Gillian / Martin, Stefanie: **Anatomie verstehen – besser reiten**, Bewegungsabläufe sichtbar gemacht; KOSMOS 2010
Die Veränderungen bei der Bewegung an Skelett und Muskelapparat werden durch Zeichnungen direkt auf dem Pferd sichtbar gemacht und es wird mit praktischen Übungen erklärt, wie Muskulatur aufgebaut und das Pferd in einem optimalen Trainingszustand gehalten werden.

Hubert, Marie-Luce / Klein, Jean-Louis: Mustangs, **Pferde in Freiheit**; KOSMOS 2009
Wunderschöne Aufnahmen preisgekrönter Fotografen nehmen Sie mit zu den letzten Wildpferden Amerikas. Die Autoren begleiteten die stolzen Pferde über fünf Jahre. Ein außergewöhnlicher Bildband.

Kreinberg, Peter: **The Gentle Touch**, Die Methode für anspruchsvolles Freizeitreiten; KOSMOS 2007
Dieses Buch gibt Aufschluss über Hintergründe und Grundlagen seiner erfolgreichen Gentle-Touch®-Methode und beschreibt Schritt für Schritt den Weg zur Harmonie beim Reiten.

Kreinberg, Peter: Peter Kreinbergs Bodenschule; **The Gentle Touch®-Übungen für mehr Gelassenheit**; KOSMOS 2009
Die wichtigsten Bodenarbeitsübungen nach der The Gentle Touch®-Methode mit Schritt-für-Schritt-Rezepten. Eine Fundgrube für alle, die ihr Pferd einfach, effektiv und pferdefreundlich ausbilden wollen.

Lind, Carola / Müller, Karin: **Wie Pferde ihre Menschen spiegeln**; KOSMOS 2005
Wie Hund und Herrchen werden auch Pferde und ihre Besitzer sich im Laufe der Jahre immer ähnlicher. Wie Pferde die Verhaltensweisen, Gefühle und sogar Krankheiten ihrer Besitzer übernehmen, zeigt dieses Buch auf eindrucksvolle Weise.

Rashid, Mark / Lindley, Kathleen: **Ein Leben für die Pferde**; KOSMOS 2009
Pferden und Menschen zu einer besseren Partnerschaft zu verhelfen ist das Anliegen Rashids. Dieses Buch verbindet ausdrucksstarke Bilder mit fachkundigen und doch sehr persönlichen Texten von Mark Rashid und der Fotografin Kathleen Lindley.

Aus dem Amerikanischen übersetzt von Sigrid Eicher.
Titel der Originalausgabe: „Whole Heart, Whole Horse".
Skyhorse Publishing, New York, USA
© 2009, Mark Rashid

Umschlaggestaltung von eStudio Calamar unter Verwendung eines
Farbfotos von Kathleen Lindley.

Unser gesamtes lieferbares Programm und viele
weitere Informationen zu unseren Büchern,
Spielen, Experimentierkästen, DVDs, Autoren und
Aktivitäten finden Sie unter **www.kosmos.de**

Für die deutschsprachige Ausgabe:
© 2011, Franckh-Kosmos Verlags-GmbH & Co. KG, Stuttgart
Alle Rechte vorbehalten
ISBN 978-3-440-12489-5
Redaktion: Katja Pauls
Produktion: Claudia Kupferer
Printed in The Czech Republic / Imprimé en République Tchèque

KOSMOS.
Zum Schmökern.

Vom Lasso-Künstler zum Pferdeflüsterer

Bucks Kindheit ist geprägt von Angst und Schmerz, bis er nach einer Nacht der Gewalt endlich zu seiner Pflegefamilie kommt. Der Umgang mit schwierigen Pferden, die ähnliche Grausamkeit von Menschen erfahren haben wie er selbst, helfen ihm, seine Verletzungen zu heilen und eröffnen ihm einen neuen Blick aufs Leben.

Brannaman/Reynolds |
Pferde, mein Leben
256 S., 60 Abb., €/D 19,95
ISBN 978-3-440-11556-5

Auf den Spuren des Pferdeflüsterers

Für Buck Brannaman ist die Beziehung zwischen Pferd und Mensch eine Metapher für die Herausforderungen des Lebens: Wer Probleme mit seinem Pferd meistert, kommt auch im Leben besser zurecht! In persönlichen Erlebnissen mit 12 Mensch-Pferd-Paaren erfährt der Leser, wie diese sich ihren Ängsten stellen und warum sie nach der Begegnung um ein Stück Lebenserfahrung reicher sind.

Brannaman/Reynolds |
Vertraue dem Pferd
192 S., 28 Abb., €/D 19,95
ISBN 978-3-440-11983-9

Preisänderung vorbehalten

www.kosmos.de/pferde